완벽한 영양 밸런스를 갖춘 101가지 비건 레시피

나의 채식 테이블

완벽한 영양 밸런스를 갖춘 101가지 비건 레시피

나의

채식 테이블

정고메 지음

비타북스

함께 채식이라는 바다를
항해하고 싶은 마음으로

채식을 하고 나에게 찾아온 변화

2년 전 완전 채식을 시작할 당시 저는 위염과 변비, 원인을 알 수 없는 손가락 통증, 매년 늘어가는 체중, 99에 임박한 공복 혈당 수치, 자궁경부 이상 세포와 같은 여러 가지 질환들로 심신이 지친 상태였습니다. 병원 치료만으로는 근본적인 문제가 해결되지 않아 결국에는 식단을 바꿔야겠다고 결심하게 됐습니다.

그렇게 매일 신선한 채소, 과일, 곡식으로 완전 채식을 하게 되니 하루가 다르게 몸이 변화하는 것이 느껴졌습니다. 체지방은 줄고 골격근량이 늘어났습니다. 예전과 비슷한 강도의 가벼운 운동만 지속하면서 채식 이전에는 살이 찔까 봐 먹지 않았던 아침도 챙겨 먹고 식사량이 늘어났는데도 말이죠. 위의 통증이 사라져서 좋아하는 커피도 마음껏 마실 수 있게 되었고, 값비싼 유산균은 마지막으로 언제 구매했는지도 기억나지 않을 정도입니다. 손가락 통증이 사라져서 좋아하는 요리도 실컷 해 먹고 있습니다. 채식 이전의 건강검진 결과와 비교했을 때 혈당과 LDL콜레스테롤 수치가 크게 낮아졌고, 자궁경부 검진 결과 역시 정상 세포 범위로 돌아왔습니다. 식이 섬유와 수분, 항산화 성분이 풍부한 채소를 많이 먹게 되니 대사질환이 사라지고 몸의 회복에 도움이 된 것이 아닐까 생각합니다.

몸의 불편한 문제들이 사라지고 건강해졌으니 목적을 달성했지만 계속해서 완전 채식을 이어나가는 이유는 채식이 가져오는 생태적·환경적 효과 때문입니다. 옥스퍼드 대학 연구진이 네이처식품에 발표한 연구 보고서 (2023)에 따르면 비건 식단은 하루 100g 이상의 육류를 섭취하는 것보다 온실가스 배출량, 수질오염, 토지 사용량을 75%나 줄인다고 합니다. 야생동물을 보존하고 물 사용량을 줄이는 효과도 있다고 합니다. 자연과 자원을 덜 사용하고, 동물과 생명을 살리며 이 세상에 내가 무언가 이바지하고 있다는 새로운 감각은 채식을 하게 됨으로써 얻은 가장 큰 장점이었습니다. 그 원동력으로 비건으로서 완전 채식을 계속하고 있습니다.

또 한 가지 채식이 가져온 변화는 주변의 자연 환경을 새롭게 인식하게 되었다는 점입니다. 바뀌어가는 절기마다 접하는 채소가 달라지는 것을 보면서 자연의 한 조각을 발견합니다. 길가에 있는 나무들도 풍경으로 자리한 가로수가 아니라 생명이 가득한 존재라는 것을 이제야 깨닫게 되었습니다. 수시로 마주하는 나무, 풀 한 포기에도 늘 감탄하다 보니 삶이 이전보다 훨씬 풍요로워졌습니다.

채식은 영양적으로 불완전하다는 편견

물론 저도 처음부터 완전 채식을 의연한 태도로 시작한 것은 아닙니다. 주변에 채식을 한다고 알렸을 때 가장 많이 듣는 말은 "영양 면에서 괜찮겠어?"라는 걱정입니다. 특히 동물성 식단을 완전히 배제한 비건식을 한다고 하면 더 많은 염려가 담긴 말을 듣곤 합니다. 저도 처음에는 혹여나 특정 영양 성분이 부족하지는 않을까 우려가 되기도 했습니다. 곰곰이 생각해보니 지금까지 살면서 반복한 일 중에 먹는 일을 가장 많이 해왔지만 정작 이에 대해 제대로 알고 있는 것은 없었습니다. 그래서 영양학에 관한 책, 비건 영양학자가 쓴 책, 채식에 관한 논문이나 다큐멘터리 들을 끊임없이 찾아보며 저 역시도 편견에 갇혀서 제대로 알지 못했던 영양에 대한 상식과 지식을 바로잡게 되었습니다.

그러나 채식이 영양학적으로 부족하지 않다는 사실을 확인했다고 해서 당장 오늘 내가 먹은 채식 식단에 무엇이 부족하고, 무엇을 보완해야 하는지는 여전히 알 길이 없었습니다.

우리가 평소에 쉽게 접하는 먹거리에 대한 정보는 대부분 동물성 재료를 기준으로 삼고 있습니다. 그래서 완전 채식을 시작하는 사람에게 매일 어떻게, 무엇을, 얼마만큼 먹어야 하는지 알려주는 기준을 정하기가 어려웠습니다. 믿을 만한 영양 정보를 찾다가 발견한 것이 바로 식품의약품안전처(이하 식약처)의 '식품영양성분 데이터베이스'였습니다. 식약처에는 대부분의 식품 영양 정보가 전체 공개되어 있습니다. 요리할 때마다 들어가는 모든 재료를 계량해 가공을 거치면 오늘 먹은 요리의 영양성분을 대략 파악할 수 있었습니다. 그렇게 영양 정보 DB를 쌓으며 완전 채식으로도 충분한 영양을 공급받을 수 있으며 일부 모자라는 영양 또한 특정 식물성 재료로 보완할 수 있다는 사실을 발견했습니다.

이 책에는 식약처의 식품영양성분 DB를 꼼꼼히 살펴서 채식으로도 먹을 수 있는 식물성 식품을 선별했습니다. 대부분 우리 주변에서 쉽게 구할 수 있고 값도 저렴한 재료들입니다. 그리고 그 재료들을 활용한 레시피 101가지를 담았습니다. 저는 영양에 관한 전문가나 전공자는 아니지만, 채식 식품에 관한 영양 정보를 나눌 수 있게 된 것은 누구에게나 공개되어 있는 풍성한 정보들 덕분입니다.

채식을 시작하는 사람에게 필요한 나침반

어디서나 다양한 베지테리언, 비건 옵션이 구비되어 있는 해외 대도시와 비교해볼 때 한국은 이제 막 완전 채식에 대한 관심에 눈뜬 것이 아닐까 생각합니다. 그러다 보니 현재로서는 계속해서 채식을 유지하는 가장 효과적인 방법은 내가 먹을 것을 직접 해 먹는 일이라고 생각합니다. 해 먹는 일은 귀찮고 힘들다고 생각할 수 있지만 어떻게 보면 그보다 독립적이고 자유로운 일이 없습니다. 내가 먹을 요리의 재료들이 어디에서 왔으며, 어떤 재료들을 얼마나 먹을 것인지 일련의 과정을 누군가에게 맡기지 않고 스스로 결정하는 일이야말로 자립한 인간임을 상징합니다. 요리에 낯설고 서툴다고 걱정하지 마세요. 처음부터 자전거를 잘 타고, 운전을 잘하고, 수영에 능숙한 사람은 없습니다. 이 책의 레시피 중에서 쉬운 것부터, 내가 좋아하는 채소부터 시작하면 '나도 이렇게 맛있는 것을 만들 수 있는 사람이었다니!' 하며 감탄하는 순간이 점점 늘어날 것입니다.

15세기 대항해시대에는 바다의 지도를 그리는 사람들이 있었습니다. 육지에서 살아가는 사람들은 육지를 중심으로 세상을 보지만, 바다를 지도로 그리는 사람들은 바다를 중심으로 세상을 봅니다. 바다의 안내도인 '해도' 위에는 바다의 깊이, 암초의 크기, 항구, 해안선, 바다의 길이 섬세하게 그려져 있습니다. 미지의 바다를 항해하는 이들이 안전하게 바다를 항해할 수 있도록, 오로지 바다에 관한 모든 정보들을 자세히 담아냅니다. 이 책이 채식이라는 항해를 시작하는 사람들에게 어떻게 먹어야 할지 친절하게 안내해주는 '채식 안내서'가 되었으면 좋겠습니다.

2024년 따뜻한 봄날에
정고메 드림

Contents

PART 4
조금 특별한 주말을 만들어줄 특식

PART 5
좋은 사람들과 함께하는 비건 차림상과 디저트

PART 6

때로는 술 한잔의 여유를, 비건 안주

일러두기

- 이 책에서 사용한 계량은 일반 가정에서 사용하는 밥숟가락(1큰술, 10ml), 찻숟가락(1작은술, 3ml), 종이컵(1컵, 180ml)을 기준으로 했다. 1큰술은 숟가락에 평평하게 담은 것을 기준으로 하고, 듬뿍이라고 표기된 것은 숟가락 위로 소복하게 담는 것을 기준으로 했다.

- 자주 쓰이는 양념의 대략적인 중량은 다음과 같다.
  - 액체류 1큰술(10g), 1작은술(3g) / 유지류 1큰술(9g), 1작은술(2.5g) / 참깨 1큰술(5g)
  - 소금 및 설탕 1큰술(10g), 1작은술(3g) / 고춧가루 및 밀가루 1큰술(6g), 1작은술(2g)
  - 고추장, 된장, 올리고당 1큰술(20g), 1작은술(6g) / 다진 마늘 1큰술(10g)

- 이 책의 잡곡밥은 중량을 기준으로 백미, 현미, 귀리를 1:1:1 비율로 구성했으며, 식사용은 180g, 요리용은 160g으로 설계했다.

채식을 시작할 때
알아두면 좋은 것들

처음 채식을 시작하는 사람이라면 무엇을 어떻게 만들어서 먹어
야 할지 막막하기만 하다. 채식은 일반식에서 육류와 어류, 유제
품 등이 빠진 요리라고 생각하기 쉽지만, 조금 더 건강하고 맛있
게 챙겨 먹기 위해서는 몇 가지 준비가 필요하다. 본격적인 레시
피를 소개하기에 앞서 비건 식재료와 영양소별 식물성 급원, 미리
만들어두면 좋을 반찬을 알려준다.

비건 식재료 소개

이 책에서 채소와 과일 이외에 자주 등장하는 비건 식재료를 소개한다. 채식을 시작하면서 갖춰두면 유용한 것들이다.

곡물/콩/견과류

한국에서 구하기 쉽고 영양이 우수하며 요리 활용에 좋은 곡물, 콩, 견과류를 소개한다.

오트밀

귀리를 쪄서 말린 후 압착시킨 것으로 단백질과 식이섬유가 풍부하다. 물에 불리면 부드럽게 불어나 조리 없이 바로 먹을 수 있어 아침 메뉴로 유용하며 베이킹에도 쓰인다. 국산 귀리는 수입산보다 훨씬 맛있고 고소하므로 되도록 국산을 구입한다. 개봉한 뒤에는 산패되므로 냉장 보관한다.

대두

국산 대두는 병아리콩보다 단백질 함량이 2배나 많다. 식물성으로 단백질과 영양을 섭취하기에 매우 효율적이다. 온·오프라인 어디서나 쉽게 구할 수 있으며 개봉 후에는 밀봉해 습기가 없는 곳에 보관한다.

병아리콩

모양이 병아리의 얼굴과 닮았다고 해서 Chickpea라는 이름이 붙은 콩. 껍질이 단단하고 삶았을 때 약간의 물이 나오면서 점성이 생겨 마요네즈, 크림을 만들 때 유용하다. 대두보다 부드럽게 으깨져서 비건 패티나 반죽을 만들기 좋고 간단한 양념을 더해 구이로 먹어도 좋다.

견과류

견과류 한 줌(20g)을 섭취하면 하루에 부족한 단백질, 지방, 칼슘을 보충할 수 있다. 활용성이 좋은 견과류로는 캐슈너트(비건 마요네즈, 크림, 치즈), 호두와 아몬드(비건 치즈 가루, 대체유, 베이킹), 땅콩(피넛 버터, 요리 고명) 등이 있다. 불포화지방산이 많아 쉽게 산패되므로 냉동 보관을 추천한다.

건조식품/해조류

말린 표고버섯, 말린 다시마, 무말랭이는 물에 우려두기만 하면 간편하게 채수를 만들 수 있다. 실리카겔을 하나씩 넣어 밀봉한 다음 건조한 곳에 보관해두면 습기를 막을 수 있다. 해조류에는 칼슘, 철분, 비타민B^{12}와 같은 영양소가 풍부하므로 식단에 해조류를 자주 포함하는 것이 영양 구성에 좋다.

말린 표고버섯 / 무말랭이 / 말린 나물

말린 표고버섯은 채식에서 꼭 필요한 식재료 중 하나. 물에 불려서 볶음, 국, 찜, 등 다양한 요리에 주재료, 부재료로 활용한다. 쌀밥과 먹을 때 부족할 수 있는 필수 아미노산들을 보완한다. 무말랭이는 쪄서 양념에 무치거나, 볶음 요리에 활용할 수 있으며 특유의 식감으로 떡볶이에 넣어 먹으면 별미다. 무 대신 단무지나 장아찌, 츠케모노(일본식 절임채소)로 만들어도 좋다. 말린 나물이 있으면 계절에 상관없이 제철 채소를 먹을 수 있다. 깊은 맛과 향을 가진 고사리, 토마토소스와 조합이 좋은 가지, 나물이나 볶음 요리에 좋은 애호박과 취나물 등이 있다.

말린 다시마

채소에서 쉽게 접할 수 없는 바다 향과 감칠맛을 가지고 있는 천연 조미료. 말린 상태로 건조한 곳에 보관하며, 다시마 겉면을 물로 한 번 닦아 이물질을 제거한 뒤 사용한다.

김

요리 목적에 따라 김밥 김, 돌김, 조미 김, 김 가루 등 다양하게 구비해두면 활용성이 좋다. 비건이 비타민B^{12}를 가장 손쉽게 섭취할 수 있는 재료다.

꼬시래기

바다 깊은 곳에서 광합성을 하는 홍조식물로 칼슘이 100g당 630mg 들어 있어 생으로 섭취하는 식물성 재료 중 칼슘 함량이 가장 높다. 간장, 들기름과 잘 어울리며 김밥 속 재료, 면 대용, 비건 물회 재료로도 유용하다. 마트 염장 해조류 코너에서 구할 수 있다.

톳

길이가 짧고 톡톡 터지는 식감이 특징인 해조류다. 기름과 함께 볶으면 깊은 바다 향과 감칠맛이 난다. 솥밥, 조림, 볶음, 오일 파스타 재료로 활용할 수 있다. 염장하거나 말려 유통되며 물에 담갔다가 끓는 물에 살짝 데쳐 활용한다. 칼슘이 많으므로 밑반찬으로 자주 섭취하면 좋다.

파래, 매생이

채식하며 빈혈 증상이 생겼다면 철분이 풍부한 파래와 매생이를 추천한다. 특히 추운 겨울날 제철의 생파래, 생매생이는 별미다. 파래는 무침으로, 매생이는 국이나 전으로 먹는다. 건조된 것은 상온 보관, 생것은 냉장 보관해 일주일 이내에 먹거나 냉동 보관한다.

조미료/소스류

채식 요리에 활용도가 높은 조미료와 소스를 소개한다. 우리가 일상적으로 쓰는 조미료에는 의외로 동물성 재료가 많다. 여기에서 소개하는 조미료와 소스류에는 동물성 재료가 전혀 들어 있지 않다.

연두(샘표)

콩을 발효해서 만든 액체 소스로 간장보다 덜 짜며 요리 전체의 풍미를 한층 끌어올린다. 국, 나물, 볶음과 같은 한식 요리나 오일 파스타에도 잘 어울린다. 마트의 조미료 코너에서 쉽게 구할 수 있다.

비건 조미료

외식의 맛을 흉내 내고 싶을 때 요긴한 재료. 채수 대신 국 요리를 만들기에도 간편하다. CJ제일제당에서 식물성 원료로 만든 조미료를 판매하고 있다.

미소

일본식 된장. 부드러운 단맛, 짠맛, 감칠맛이 있어 활용도가 높다. 미소국, 라멘, 아시아 스타일의 볶음 요리에 주로 쓰인다. 비건 요리에 사용할 때는 원재료에 가다랑어가 포함되지 않았는지 확인해야 한다.

참깨, 들깨(참기름, 들기름)

좋은 깨와 기름은 요리의 완성도를 높이며 단 한 스푼으로도 몸에 좋은 지방과 칼슘을 더한다. 참깨와 참기름은 상온에, 들기름은 냉장고에, 들깻가루는 냉동 보관한다. 특히 들깻가루와 들기름은 빠르게 산패되므로 한 달 이내에 섭취하는 것이 좋다.

비건 버터

식물성 기름에 버터 향을 첨가해 고체화한 것. 볶음 요리, 비건 베이킹, 비건 디저트에 쓰인다. 온라인 몰에서 구입할 수 있고 무향 코코넛 오일이나 피넛 버터, 식물성 오일로 대체할 수 있다.

전분

튀김 요리를 바삭하게 만들어주거나 채소를 볶을 때 채수를 전분에 가두어 끈끈한 농도를 만든다. 요리용으로는 감자 전분이 두루 쓰인다.

뉴트리셔널 이스트

비활성 효모를 가루로 만든 것. 특유의 향이 치즈의 냄새와 비슷해서 비건 치즈가 들어가는 요리에 많이 쓰인다. 비건식에서 부족할 수 있는 비타민B$_{12}$를 섭취하기에도 좋다. 온라인 몰에서 구입할 수 있다.

시판 제품

두부 이외에도 식물성 단백질을 간편하게 섭취할 수 있는 다양한 시판 제품들을 소개한다. 비건 가공식품은 약간의 조리만 거치면 든든한 한 끼 식사를 할 수 있어서 요리가 귀찮은 날 요긴하다.

템페

삶은 콩에 균을 발효시켜 만든 인도네시아의 전통 음식. 메인 재료로 다양하게 활용할 수 있다. 온라인 몰 파아프(PaAp)에서 국내산 콩으로 만든 템페를 만들어 판매하고 있다.

포두부

두부를 납작하게 건조한 것으로 원하는 두께와 크기로 썰어 냉동 보관해두면 다양한 요리에 활용할 수 있다. 면처럼 썰어 파스타나 무침 요리로, 두툼하게 썰어 양장피나 김밥 속 재료로, 넓게 썰어 라자냐나 쌈으로도 먹는다. 온라인에서 non-gmo 콩으로 만든 포두부를 판매한다.

유부

두부의 수분을 제거해 기름에 튀긴 것. 조림, 볶음, 국, 김밥 속 재료 등 다양하게 활용할 수 있다. 조미되지 않은 냉동 유부를 추천하며 한살림이나 온라인 몰에서 구매하면 된다.

두유

오버나이트 오트밀, 두유 요거트, 베이킹에 두루 활용하며 간식으로도 먹는다. 특히 매일두유 99.9에는 첨가물이 없고 950ml를 한 박스 사두면 유통기한도 길어 오래 먹을 수 있다.

두부텐더

두부의 결을 살려 치킨텐더처럼 먹는 가공 식품이다. 에어프라이어나 프라이팬에 익혀 식사에 곁들이거나 샌드위치, 토르티야 속 재료, 샐러드의 토핑으로 활용할 수 있다. 대형마트 냉동 코너나 풀무원 온라인 몰에서 판매한다.

식물성 만두

만두는 바쁜 날에 유용한 단백질 급원이 되는 간편식이다. 풀무원 식물성 지구식단, 비비고 플랜테이블, 사조대림의 채담 등 다양한 브랜드의 식물성 만두를 입맛에 따라 먹어보자.

대체육

식물성 재료로 만든 다양한 비건 고기, 비건 치킨이 판매되고 있다. 샌드위치, 김밥, 토르티야 재료로 활용 가능하다. 콩고기(베지푸드의 콩불구이, 쏘이마루, 언리미트, 넥스트밀), 식물성 치킨(편한집밥 소이킨, 위미트 새송이 프라이드) 등의 대체육은 온라인에서 구할 수 있다.

영양소별
식물성 급원

동물성 재료를 배제한다면 먹을 수 있는 식재료가
절반으로 줄어들 것 같지만, 이미 우리가 평소에 알
고 있던 곡식, 콩, 채소, 과일로도 충분히 영양을 고
루 갖춘 식단을 꾸릴 수 있다. 여기에서는 주요 영양
소별로 섭취할 수 있는 식물성 식재료들을 구체적
으로 소개한다.

- 식약처의 식품영양성분 데이터베이스(various.foodsafetykorea.go.kr)를 1회에 먹음직한 중량으로 계산했다.
- 식약처의 데이터베이스에 없는 식품의 정보는 해외 식품인 경우 미국 농무부(USDA)의 'Food Data'를, 상품인 경우에는 '영양성분표'를, 직접 만든 식품은 식약처 데이터를 바탕으로 조합해 구성했다.
- 하루 권장섭취량은 보건복지부에서 배포한 『2020년 한국인 영양소 섭취기준』의 30~49세 여성을 기준으로 했다. (출처: 『보건복지부 한국영양학회, 2020 한국인 영양소 섭취기준』 2020)
- 지방의 경우 총 열량의 15~30%를 지방으로 섭취할 것을 권고하고 있으나 보기에 용이하도록 총 지방량의 권장섭취량을 51g으로 임의 설정했다.

탄수화물(권장섭취량 130g)

일상생활에서 가장 많이 사용되는 에너지원으로 주로 주식에서 채운다. 다양한 종류의 주식을 구비할수록 채식 식단은 훨씬 다채로워진다. 채식 초기에는 이전 식단에 비해 낮아진 열량으로 쉽게 허기지기 때문에 나에게 적절한 식사량을 찾는 것도 중요하다.

쌀과 잡곡
쌀로는 열량 이외에도 무기질, 비타민, 아미노산을 섭취할 수 있다. 단백질이 많은 귀리, 식이섬유가 풍부한 보리, 항산화 성분이 있는 흑미 등을 다양하게 조합해 나만의 비율을 맞춘 잡곡밥을 구성해보자.

빵
통밀과 호밀로 만든 빵일수록 식이섬유, 단백질, 무기질이 풍부하다. 식빵과 바게트로 샌드위치나 양식에 곁들여 먹기 좋은 주식을 꾸릴 수 있다.

파스타
식이섬유와 단백질 함량이 높은 '듀럼밀'로 만든 세계적인 식재료다. 스파게티 면과 숏 파스타, 라자냐까지 갖춰둔다면 다양한 종류의 파스타를 만들 수 있다.

종류	기준	열량 및 탄수화물 함량
밥류	1공기(180g)	현미밥(299kcal, 63.5g), 흰쌀밥(263kcal, 57.1g), 귀리밥(392kcal, 65.8g), 보리밥(259kcal, 57.2g), 잡곡밥(318kcal, 52g)
빵류	2조각(80g)	통밀 식빵(225kcal, 40.2g), 호밀빵(202kcal, 42.2g), 통밀 바게트(175kcal, 34g)
면류	건면 1인분 (80g)	스파게티(292kcal, 61.3g), 소면(296kcal, 59.9g), 메밀국수(298kcal, 59.5g)
서류	찐 것(200g)	찰옥수수 1개(264kcal, 50.8g), 감자 2개(160kcal, 36.3g), 호박고구마(314kcal, 75.8g), 단호박(132kcal, 30.9g), 밤(308kcal, 67.9g)
기타		오트밀 45g(172kcal, 29g), 토르티야 3장(239kcal, 39g), 가래떡 100g(213kcal, 48.8g), 떡볶이 떡 80g(180kcal, 39.2g)

지방(권장섭취량 51g)

지방은 1g당 열량이 가장 높아 섭취했을 때 오랫동안 포만감을 유지해준다. 요리할 때 식물성 오일을 적절하게 활용하고, 부족한 지방은 아침 식사 때 곁들이거나 간식으로 견과류를 섭취함으로써 보완할 수 있다.

식물성 유지류

밥숟가락 4/5큰술이면 7g의 지방(65kcal)을 섭취할 수 있다. 채식에서 사용하는 유지류에는 유채유, 카놀라유, 현미유, 올리브유, 코코넛오일, 참기름, 들기름 등이 있다. 염증을 억제하는 효과가 있는 대표적인 불포화 지방산으로는 오메가3가 있는데, 이는 등푸른 생선에 많이 함유된 것으로 알려져 있지만 식물성 식품 중에서는 들깨로 대체할 수 있다. 특히 저온에서 압착한 들기름에 풍부하며 들기름뿐만 아니라 통 들깨로도 섭취할 수 있다.

견과류

견과류는 전처리하면 훨씬 고소해진다. 뜨거운 물에 15분 이상 담갔다가 에어프라이어 170도에서 15~20분 정도 구워주면 견과류의 고소한 향이 더욱 살아난다.

견과류 한 줌(20g)당 열량 및 지방량
볶은 호두(143kcal, 13.8g), 해바라기씨(122kcal, 11.3g), 아몬드(119kcal, 10.3g), 호박씨(110kcal, 9.6g), 볶은 땅콩(113kcal, 9.2g), 생 캐슈너트(111kcal, 8.8g)

단백질(권장섭취량 50g)

단백질은 의외로 우리가 먹는 대부분의 채소에 존재한다. 곡물, 콩 또는 식물성 단백질, 채소로 식단을 구성하면 하루 필요량을 충분히 채울 수 있으며 부족한 아미노산도 보완된다.

곡물류

탄수화물이라고만 생각했던 쌀, 밀가루에도 단백질이 있다. 단백질 함량이 높은 곡물로는 메밀, 도토리, 아마란스, 율무, 귀리, 보리 등이 있으며 도정을 적게 할수록 단백질 함량이 높아진다.

종류	기준	단백질 함량
밥류	1공기(180g)	귀리밥(11.7g), 보리밥(6.4g), 현미밥(6.2g), 흰쌀밥(4.8g)
빵류	2조각(80g)	통밀 식빵(6.9g), 호밀빵(6.7g), 통밀 바게트(5.9g)
면류	건면 1인분 (80g)	통밀 파스타(12g), 메밀국수(10.9g), 도토리면(9.9g), 스파게티(9.4g), 소면(8.3g)
서류	찐 것(200g)	찰옥수수(13.2g), 밤(6.9g), 감자(4.2g), 단호박(3.4g), 호박고구마(2.2g)
기타		오트밀 45g(5.9g), 토르티야 3장(5.9g), 떡볶이 떡 80g(4.8g), 가래떡 100g(3.7g)

콩류

콩으로는 단백질뿐만 아니라 질 좋은 지방, 무기질, 비타민, 항산화 성분의 영양소를 함께 섭취할 수 있다. 추천하는 콩으로는 가성비 좋은 노란 대두, 단백질이 많은 서리태, 점성이 있는 병아리콩, 삶는 시간이 짧은 완두콩과 렌틸콩 등이다. 바쁜 때를 대비해 바로 쓸 수 있는 통조림 콩을 구비해두는 것도 좋다.

콩이 여성호르몬에 영향을 줄 수 있다고 불안해하는 사람들이 종종 있다. 그러나 비건 영양학자인 파멜라 퍼서슨은 『건강하고 싶어서 비건입니다』에서 콩의 에스트로겐은 피토에스트로겐(식물성 에스트로겐)으로 인체에 미치는 영향이 평소에 섭취하는 양 정도로는 미미하므로 걱정하지 않아도 된다고 말한다.

기준	단백질 함량
말린 콩(45g)	서리태(17.4g), 쥐눈이콩(16.8g), 노란 대두(16.3g), 렌틸 적색(10g), 렌틸 갈색(9.5g), 팥(9.8g), 완두콩(9.3g), 동부 콩(8.8g), 병아리콩(7.8g)
통조림(100g)	병아리콩 통조림(100g, 4.6g), 카넬리니 통조림(100g, 4g)
기타	두부면(100g, 16g), 두부 1/2모(150g, 14.4g), 유부(50g, 13.1g), 순두부 1/2팩(150g, 10.3g), 청국장 1/2개(100g, 10.2g), 템페 1/4개(50g, 10.1g), 낫토 1팩(50g, 8.2g), 볶은 콩가루(20g 7.4g), 연두부 1팩(120g, 5.6g)

견과류

단백질 섭취가 부족한 것 같다면 간식으로 견과류를 섭취해도 좋다.

단백질 함량(20g 기준)
호박씨(7.1g), 볶은 땅콩(5.7g), 땅콩버터(5.2g), 볶은 피스타치오(5.2g), 볶은 아몬드(4.7g), 해바라기씨(4.4g), 캐슈너트(3.6g), 볶은 잣(3.5g), 호두(3.1g)

건나물

건나물은 수분이 없어 단백질 함량이 높은 편이다. 20g은 물에 불려 한 끼니에 조리해 먹기에 적당한 양이다.

단백질 함량(20g 기준)
건 고사리(5.6g), 건 표고버섯(4.7g), 건 취나물(4.4g), 건 곤드레(4.1g), 건 가지(2.9g), 말린 애호박(2.8g), 무말랭이(2.7g)

채소/버섯류

단백질 함량이 높은 채소와 버섯도 요리에 활용하기에 좋다.

단백질 함량(생것 100g 기준)
고수(4.6g), 콩나물(4.6g), 냉이(4.2g), 노지 시금치(4.2g), 유채(4.1g), 참두릅(4.1g), 매생이(3.9g), 갈색 양송이버섯(3.7g), 방울다다기양배추(3.3g), 호박잎(3.3g), 쑥(3.4g), 루꼴라(3.2g), 브로콜리(3.1g), 아욱(3.1g), 케일(3.1g), 새송이버섯(2.9g), 느타리버섯(2.6g), 우엉(2.6g), 취나물(2.6g), 만가닥버섯(2.5g), 팽이버섯(2.4g), 공심채(2.2g), 미나리(2.2g), 콜리플라워(2.2g)

식이섬유(권장섭취량 20g)

식이섬유는 영양소는 아니지만 몸을 건강하게 유지하는 데 꼭 필요하다. 음식물을 소화기관으로 천천히 이동시키며 혈당을 천천히 올리고, 콜레스테롤 및 몸속의 대사 잔여물을 배출하는 역할을 하기 때문이다. 장내 미생물 환경에도 영향을 주기 때문에 적절한 양을 꾸준히 섭취해야 한다.

신선 채소로 만든 채식 식단을 하고 있다면 이것만으로도 식이섬유는 충분히 섭취할 수 있다. 그러나 외식을 자주 할 수밖에 없는 상황이라면 아침으로 오트밀과 과일을 먹는 것도 식이섬유의 하루 권장량을 채울 수 있는 효과적인 방법이다.

아래 표에서 식이섬유 함량이 높은 식물성 재료들을 살펴보자.

식품	중량	함량	식품	중량	함량
찐 단호박 1/4조각	200g	10.2g	삶은 대두 1컵	100g	10.2g
군고구마(밤) 1개	200g	9.6g	말린 목이버섯	20g	8.7g
오트밀 1/2컵	45g	8.5g	말린 표고버섯	20g	7.8g
그린 키위 2개	300g	7.8g	복숭아 1개	300g	7.8g
우엉 1/2대	150g	6.9g	사과 부사 1개	300g	6.8g
팽이버섯 1봉지	150g	5.6g	양배추 1접시	200g	5.4g
찐 호박잎 1접시	100g	5.4g	참 취나물	100g	4.8g
현미밥 1공기	180g	4.7g	메밀국수 건면	80g	3.7g
통밀가루	100g	3.7g	로메인 1접시	100g	3.6g
새송이버섯 1개	100g	3.2g	블루베리 1접시	100g	3g

비타민과 무기질

다양한 채소와 과일로 구성된 채식 식단으로는 비타민과 항산화 성분을 듬뿍 섭취할 수 있다는 장점이 있다. 채소는 조리 전후의 비타민 함량이 달라지기도 하므로 익힌 채소가 주인 식단에는 생 채소를 곁들이고, 되도록 색깔도 다른 종류로 구성한다면 다양한 파이토케미컬(항산화 성분)을 섭취할 수 있다.

만약 6개월 이상 엄격한 비건식을 유지해왔다면 철, 비타민B[12]와 같은 영양소가 부족해질 수도 있다. 그럴 때는 해조류나 발효 식품을 식단에 추가한다면 식물성 재료로도 충분히 철과 비타민B[12] 결핍을 예방할 수 있다.

비타민

비타민은 종류에 따라 신체에 미치는 효과가 다르다. 아래 표에서 자신에게 필요한 비타민을 찾아보고 그에 맞는 채소를 챙겨 먹자.

종류	효과	식품(함량 높은순)
비타민 A (권장섭취량 650㎍ RAE)	눈 건강, 염증 및 면역 작용, 항산화	호박류, 시금치, 당근, 고춧잎, 호박잎, 상추, 공심채, 아욱, 곰취, 근대, 부추, 머위, 유채, 망고, 열무, 쑥갓, 수박, 참나물, 들깻잎, 얼갈이배추, 고추, 미나리, 김, 고구마, 풋마늘, 미역, 시래기, 냉이
비타민 E (권장섭취량 12mg)	산화 스트레스 억제, 항염증	해바라기씨, 단호박, 토마토퓌레, 피망, 골드 키위, 빨간 고추, 호박잎, 말린 고사리, 올리브 절임, 땅콩, 아보카도, 유부, 대두, 아몬드, 시금치, 고구마, 잣, 옥수수, 현미, 흑미, 적상추, 두부
비타민 K (권장섭취량 65㎍)	혈액 응고, 칼슘 결합, 골밀도 증가	고춧잎, 호박잎, 아욱, 시금치, 근대, 열무, 시래기, 공심채, 미나리, 상추, 세발나물, 쑥갓, 봄동, 냉이, 브로콜리, 풋마늘, 적양배추, 깻잎, 청경채, 얼갈이배추, 배추, 오이, 셀러리, 마늘종
비타민 C (권장섭취량 100mg)	산화 방지, 면역력 향상, 철분 흡수 증가	파프리카, 유채, 방울다다기양배추, 돌나물, 한라봉, 골드키위, 천혜향, 쑥, 그린키위, 대추, 딸기, 고구마, 유자, 오렌지, 무청, 시금치, 귤, 레몬, 밤, 포도, 자몽, 자색 감자, 파인애플, 사과, 고추
비타민 B[12] (권장섭취량 2.4㎍)	신경계 기능, DNA 및 적혈구 생성	뉴트리셔널 이스트, 매생이, 무화과, 김, 파래, 생미역, 말린 목이버섯, 템페, 된장, 간장, 고추장, 발효 식초

무기질

무기질(mineral)은 땅속에 있는 칼슘, 철, 마그네슘, 인과 같은 광물을 말한다. 몸의 뼈, 세포, 근육을 이루기 위해 몸에도 미량의 무기질이 있으며, 여러 가지 생리 활동에 필요하므로 결핍되지 않도록 주의를 기울여야 한다.

주요 급원은 동물성 식품이지만, 채소도 하나하나 따져보면 무기질이 풍성하다. 아래 표를 참고하면 무기질이 결핍되지 않는 채식 식단을 꾸릴 수 있다. 특히 채소의 칼슘은 흡수율이 낮은 편이므로 함량이 높은 채소들을 잘 기억해두었다가 자주 섭취할 수 있으면 좋다. 또한 채식을 하면서 빈혈이 생겼다면 철 부족이 원인일 수 있다. 아래 표에서 철이 많은 식품들을 기억해두었다가 자주 섭취해보자.

종류	식품(함량 높은순)
칼슘 (권장섭취량 700mg)	꼬시래기, 유부, 고춧잎, 무청, 케일, 호박잎, 아욱, 냉이, 돌나물, 얼갈이배추, 유채, 김, 톳, 열무, 대두, 두릅, 목이버섯, 취나물, 검은깨, 파래, 미역 줄기, 바질, 템페, 쑥, 부추, 시금치, 참나물, 봄동, 청국장, 들깨
마그네슘 (권장섭취량 280mg)	검정콩, 대두, 옥수수, 호박잎, 두부, 현미, 겉보리, 고춧잎, 호박씨, 팥, 귀리, 밤, 시금치, 천일염, 아마씨, 템페, 해바라기씨, 아마란스, 브라질너트, 근대, 메밀, 아몬드, 병아리콩, 세발나물, 미역, 말린 고사리, 두릅, 냉이, 낫토
철 (권장섭취량 14mg)	고수, 매생이, 말린 톳, 냉이, 파래, 무청, 모자반, 쑥, 꼬시래기, 취나물, 검정콩, 대두, 고춧잎, 통밀, 시금치, 우뭇가사리, 청국장, 쥐눈이콩, 상추, 부추, 보리, 렌틸콩, 유부, 잣, 귀리, 오트밀
아연 (권장섭취량 8mg)	대두, 검정콩, 말린 표고버섯, 겉보리, 쥐눈이콩, 현미, 귀리, 찰옥수수, 말린 고사리, 시금치, 유부, 고춧잎, 두릅, 병아리콩, 렌틸콩, 잣, 메밀국수, 시래기, 쑥, 아마씨, 호박씨, 죽순
구리 (권장섭취량 650㎍)	쥐눈이콩, 대두, 템페, 밤, 서리태, 캐슈너트, 브라질너트, 병아리콩, 그린키위, 해바라기씨, 감자, 두릅, 헤이즐넛, 팥, 겉보리, 양송이버섯, 낫토, 메밀국수, 아보카도, 머루포도, 고구마

만들어두면 요긴한
양념과 채소 반찬

요리를 시작하려면 막막한 마음부터 든다. 그럴 때 요리의 장벽을 넘어서 요리를 쉽고 편하게 만들어 주는 몇 가지 요긴한 양념과 반찬을 소개한다. 미리 만들어두면 조리 시간도 줄어들고, 식사 때 한 가지 요리만 만들어서 준비해둔 채소 반찬들을 곁들이는 것만으로 훨씬 풍성하게 식사할 수 있다.

만능 채수

국, 볶음, 조림 등 다양한 요리에 감칠맛을 더하는 채수. 말린 채소를 물에 불리기만 하면 된다. 특히 다시마는 미지근한 온도의 물에서 아세트아미노산이 우러나오기 때문에 물에 담그는 것만으로 천연 조미료로써 역할을 톡톡히 해낸다.

재료

말린 다시마 7g
말린 표고버섯 10g
무말랭이 10g
생수 500ml

만들기

1 입구가 넓은 500ml 이상의 용기에 다시마, 표고버섯, 무말랭이를 넣고 생수로 채운다.
2 밀봉한 다음 상온에서 20분 또는 냉장고에서 2시간 이상 보관했다가 사용한다.

TIP • 냉장고에서 일주일 정도 보관할 수 있다. 채수를 사용할 때는 물과 함께 다시마를 넣고 약불에서 서서히 끓이다가 물이 끓으면 다시마는 건져낸다. 건져낸 다시마는 채 썰어 요리 고명으로 활용하거나 볶음 요리에 넣어도 좋다.

채수 500ml(58kcal)

단백질	지방	당류	식이섬유	칼슘	나트륨	비타민A	비타민C
5.1g	0.4g	2.3g	6.3g	85mg	98mg	3.7㎍	8mg

대두 삶기

대두를 삶아두면 볶음, 국, 조림, 구이 등에 넣거나 식사에 곁들이기 좋다. 삶은 대두 2큰술(40g)만 추가해도 약 7g의 단백질을 더할 수 있다. 콩 삶은 물에도 아미노산이 들어 있기 때문에 콩나물국, 된장국 등에 넣으면 깊은 감칠맛을 낸다.

재료

말린 대두 3/5컵(100g)
물 400ml

만들기

1 대두는 여러 번 깨끗이 씻은 다음 물을 넣고 6시간 이상 불린다.

2 콩 불린 물과 콩을 큰 냄비에 넣은 다음 뚜껑을 닫고 7분 정도 끓인다. 거품이 끓어오르면 뚜껑을 살짝 연다.

3 약불로 줄여 10분 더 끓인 다음 불을 끄고 뚜껑을 닫아 20분간 뜸 들인다.

TIP • 덜 익은 콩을 먹으면 배탈이 날 수 있으므로 반드시 푹 익혀야 한다. 콩을 먹었을 때 생콩의 향이 나면 조금 더 익혀준다(반대로 너무 익히면 주황색으로 변하고 메주 냄새가 난다).

• 콩을 냉장고에 넣을 때는 완전히 식혀서 넣어야 상하지 않는다.

• 삶을 때 생기는 거품은 사포닌 성분으로, 콩을 깨끗하게 씻었다면 걷어내지 않아도 괜찮다.

삶은 대두 1컵(221kcal)

단백질	지방	당류	식이섬유	칼슘	나트륨	비타민A	비타민C
19.6g	10.5g	2.7g	11.2g	140mg	4mg	0㎍	1.2mg

아몬드 치즈 가루

치즈 고유의 풍미와 고소함, 짭짤함, 그리고 약간의 단맛까지 더해주는 비건 치즈 가루다. 파스타, 샐러드, 피자, 리소토 등 어느 양식에든 잘 맞지만, 특히 토마토 파스타와 잘 어울린다. 뉴트리셔널 이스트가 없다면 빼도 무방하다.

재료(7회분)

아몬드 40g
뉴트리셔널 이스트 2큰술(6g)
소금 1/3작은술(1g)

만들기

1 믹서에 아몬드, 뉴트리셔널 이스트, 소금을 넣고 15~20초 돌린 다음 가루가 고루 섞이도록 흔든다. 2~3번 반복하면서 가루 상태로 만든다.
2 밀폐용기에 담아 냉장 보관하고 일주일 내로 사용한다.

TIP • 아몬드는 믹서에 너무 오래 돌리면 버터처럼 뭉치므로 짧게 여러 번 간다.
   • 아몬드 외에 해바라기씨, 호박씨, 호두 등 다른 견과류로도 만들 수 있다.

아몬드 치즈 가루 1큰술(33kcal)

단백질	지방	당류	식이섬유	칼슘	나트륨	비타민A	비타민C
1.6g	2.6g	0.2g	0.6g	18mg	43mg	0.1㎍	0mg

두부 마요네즈

적재적소에 자주 쓰이는 비건 마요네즈다. 주로 마요네즈 대체용으로 사용하지만 두부의 함량이 높아서 피자에 치즈 대신 사용하면 고소한 맛을 더해줄 수 있다.

재료(8회분)

두부 1/3모(100g)
올리브유 4큰술
레몬즙 1큰술
설탕 1큰술
소금 3/5작은술(2g)

만들기

1 두부는 물기를 제거하고 적당한 크기로 썬다.

2 믹서에 두부와 모든 재료를 넣고 곱게 간다.

3 밀폐용기에 담아 냉장 보관해 5일 이내로 먹는다.

TIP • 올리브유 대신 향이 없는 식용유, 현미유, 해바라기씨유 등 식물성 기름으로 대체할 수 있다.

두부 마요네즈 2큰술(60kcal)

단백질	지방	당류	식이섬유	칼슘	나트륨	비타민A	비타민C
1.2g	5.1g	1.3g	0.4g	8.7mg	85mg	0.3㎍	0.63mg

캐슈 크림

생크림 대체용으로 사용하는 캐슈 크림은 두유보다 맛이 훨씬 진하고 풍부하다. 크림 스파게티나 수프 등 크림 요리의 베이스로 활용하면 좋다.

재료(1회분)

생 캐슈너트 30g
물 120ml

만들기

1 끓인 물을 생 캐슈너트에 부어 20분 이상 담가둔다.
2 불린 물은 버리고 불린 캐슈너트와 물 120ml를 믹서에 넣고 곱게 간다.

TIP • 1~2일 정도 냉장 보관할 수 있으나 바로 사용하는 것을 권한다.

• 이 책에서 캐슈 크림을 활용한 요리로는 대파 감자 수프(p.57), 무 크림 수프(p.58), 된장 두유크림 리소토(p.182)가 있다.

캐슈 크림(166kcal)

단백질	지방	당류	식이섬유	칼슘	나트륨	비타민A	비타민C
5.5g	13.1g	1.8g	1g	11.1mg	3.6mg	0㎍	0.15mg

마늘종 들기름 페스토

마늘의 꽃줄기인 마늘종은 오직 봄에만 만날 수 있는 특별한 채소다. 알싸한 제철 마늘종을 풍미 좋은 들기름, 견과류와 함께 갈면 마늘 크림치즈 같은 부드러운 맛의 페스토로 재탄생한다. 빵이나 크래커에 바르거나 파스타, 샐러드에 곁들여 함께 먹는다.

재료(3~4회분)

마늘종 70g
견과류 50g
무가당 두유 3큰술(30g)
들기름 3큰술
소금 3/5작은술(2g)

만들기

1 마늘종 2줄기는 잘게 썰고, 나머지는 손가락 세 마디 길이로 썬다. 길게 썬 마늘종은 1분간 데친 다음 물기를 제거한다.
2 잘게 썬 마늘종을 제외한 모든 재료를 믹서에 넣고 곱게 간다.
3 ②에 잘게 썬 마늘종을 넣고 섞는다.
4 밀폐용기에 담아 냉장 보관하고 3일 이내로 먹는다.

마늘종 들기름 페스토 5큰술(182kcal)

단백질	지방	당류	식이섬유	칼슘	나트륨	비타민A	비타민C
2.8g	17.8g	1.2g	1.8g	28mg	206mg	5μg	6mg

당근라페

라페는 채소를 레몬즙과 올리브유에 버무려 먹는 프랑스식 샐러드다. 샌드위치 속 재료나 곁들임 반찬으로 활용도가 매우 높다. 같은 양념을 활용해 양배추, 적양배추, 양파로도 만들 수 있다.

재료(4회분)

당근 1개(200g)

양념

홀그레인 머스터드 1큰술(10g)
레몬즙 1큰술
올리브유 4/5큰술(7g)
설탕 1/2큰술
소금 3/5작은술(2g)

만들기

1 당근은 채 썬다.
2 채 썬 당근과 양념 재료를 모두 넣어 버무린다.
3 밀폐용기에 담아 냉장 보관하고 일주일 안에 먹는다.

TIP • 발효 식초(애플사이다 비니거, 화이트 비니거, 포도식초 등)를 활용하면 맛이 훨씬 풍부해진다.

당근라페 1접시(42kcal)

단백질	지방	당류	식이섬유	칼슘	나트륨	비타민A	비타민C
0.5g	2.1g	4.4g	2.1g	13mg	246mg	230μg	2.8mg

얼갈이 겉절이

겉절이는 양념만 미리 만들어두면 필요할 때 바로 버무려서 먹을 수 있어 간편하다. 얼갈이뿐만 아니라 알배추, 봄동으로도 만들 수 있으니 제철에 쉽게 구할 수 있는 잎채소로 다양한 겉절이를 만들어보자.

재료(3회분)

얼갈이 250g

양념

고춧가루 6큰술
설탕 2큰술
간장 2큰술
다진 마늘 1큰술
참깨 2큰술

만들기

1 양념을 모두 넣고 설탕이 녹을 때까지 섞는다.

2 잎맥을 따라 세로로 썬 다음 사선 방향으로 먹기 좋게 썬다.

3 얼갈이에 양념을 바르듯이 묻히며 버무린다.

4 겉절이를 접시에 담아 참깨를 뿌린다.

TIP • 양념은 여러 회 분량으로 미리 만들어 냉장고에 보관하면 설탕이 천천히 녹으면서 숙성되어 더욱 맛있어진다.

얼갈이 겉절이 1접시(99kcal)

단백질	지방	당류	식이섬유	칼슘	나트륨	비타민A	비타민C
4.1g	2.4g	8.7g	6.5g	197mg	365mg	165㎍	18mg

양파 장아찌

어떤 한식과도 두루 잘 어울리는 양파 장아찌. 양파가 많아서 소진하기 어려울 때 만들어두면 한 달 동안 싱싱하고 맛있게 즐길 수 있다. 전이나 튀김과 먹으면 찰떡궁합이며 의외로 파스타에 곁들이기에도 좋다.

재료(8회분)

양파 2개(400g)

양념

간장 6큰술
설탕 4큰술
식초 4큰술
소주 1큰술
물 60ml

만들기

1 양파는 한입 크기로 자른다.
2 양념 재료를 모두 섞어 설탕이 녹을 때까지 젓는다.
3 610ml 이상의 용기에 양파를 담고 장아찌 간장을 붓는다.
4 실온에 하루 두었다가 냉장고로 옮기고 다음 날부터 먹는다.

양파 장아찌 1접시(43kcal)

단백질	지방	당류	식이섬유	칼슘	나트륨	비타민A	비타민C
1.2g	0g	7.7g	0.9g	10mg	360mg	0㎍	3mg

무말랭이 츠케모노

츠케모노는 일본식 채소 절임이다. 우리나라에서 친숙한 식재료인 무말랭이를 넣어 식감을 살렸다. 전골 요리나 밥반찬으로도 훌륭하지만, 김밥을 쌀 때 단무지 대신 활용하면 첨가물 섭취는 줄이고 건강하면서도 꼬들꼬들한 맛을 낼 수 있다.

재료(3회분)

무말랭이 2줌(40g)
오이 1/2개(100g)
당근 1/2개(100g)
말린 다시마 3.5g
페페론치노 약간

양념

식초 3큰술
소금 2/3큰술(4g)
설탕 1.5큰술
물 60ml

만들기

1 무말랭이는 물에 1시간 담가 이상 충분히 불린다.
2 오이는 1cm 두께로, 당근은 5mm 두께로 썬다.
3 무말랭이는 물기를 짜낸 다음 오이, 당근과 함께 소금에 버무려 20분간 절인다.
4 식초, 설탕, 물을 넣고 설탕이 녹을 때까지 젓는다.
5 채소와 다시마, 페페론치노에 ④를 붓고 완전히 잠기도록 꾹 눌러 담는다.
6 냉장고에 넣었다가 2시간 뒤에 먹는다.

TIP • 채소와 양념을 비닐 백에 담아 공기를 빼고 보관하면 양념이 훨씬 빠르고 고르게 밴다.

무말랭이 츠케모노 1접시(81kcal)

단백질	지방	당류	식이섬유	칼슘	나트륨	비타민A	비타민C
3g	0g	10g	5g	76mg	531mg	167μg	10mg

톳 콩조림

톳 콩조림은 칼슘과 단백질을 손쉽게 채워주는 고마운 밑반찬이다. 톳은 식감이 좋을 뿐 아니라 해조류 특유의 깊은 감칠맛으로 어느 음식에 곁들여도 잘 어울린다.

재료(3회분)

생 톳 70g
삶은 서리태 1컵(110g)
당근 30g
페페론치노 약간
간장 2큰술
설탕 1큰술
맛술 1큰술
참기름 4/5큰술(7g)
물 3큰술

만들기

1 염장된 톳은 여러 번 씻은 다음 물에 15분 이상 담갔다가 물기를 짜내 손가락 한 마디 길이로 썬다.
2 당근은 채 썰고 페페론치노는 잘게 썬다.
3 냄비에 참기름을 두르고 당근을 볶는다.
4 삶은 서리태, 간장, 설탕, 물 3큰술을 넣고 콩에 양념이 배도록 중불로 끓인다.
5 톳, 페페론치노, 맛술을 넣고 수분이 줄어들 때까지 볶다가 약불로 서서히 졸인다.

TIP • 서리태 말고도 강낭콩, 백태 등 다양한 콩으로 응용할 수 있다.
• 서리태는 대두 삶기(p.34)를 참조하여 동일한 방법으로 삶아 준비한다.

톳 콩조림 1접시(130kcal)

단백질	지방	당류	식이섬유	칼슘	나트륨	비타민A	비타민C
8.5g	5.7g	6.6g	4.4g	83mg	340mg	58µg	2.7mg

콩 구이

식물성 단백질이 부족할 때 콩만큼 좋은 재료
도 없다. 콩 구이는 여러 회 분량을 만들어두
면 밑반찬으로도, 요리에 고명으로도 활용할
수 있다. 병아리콩은 콩 특유의 비린맛이 적
고 포슬포슬한 식감이 좋아서 구이용으로 알
맞다.

재료(2회분)

삶은 병아리콩 2컵(220g)
물 4큰술
들기름 1.5큰술
간장 1.5큰술

만들기

1 삶은 병아리콩에 물, 들기름, 간장을 넣어 섞는다.
2 오븐용 용기에 담아 에어프라이어 180도에서 15분 동안 굽는다.

TIP • 다양한 콩으로 응용할 수 있다. 단, 통조림 콩을 쓸 때는 짠맛이 더해지므로 간장을 빼거나 줄인다.

콩 구이 1접시(256kcal)

단백질	지방	당류	식이섬유	칼슘	나트륨	비타민A	비타민C
9.4g	9.6g	0g	4g	83mg	362mg	1㎍	0mg

템페 구이

템페는 콩을 발효해 만든 인도네시아의 대표적인 음식이다. 최근에는 우리나라에서도 건강식으로 각광받고 있다. 템페 구이는 파스타에 곁들여 먹으면 유용하며 간단하게 조리해 다양한 요리에 활용할 수도 있다.

재료

템페 100g
식용유 약간
소금 2꼬집

만들기

1 템페는 가로 1cm 내외의 두께로 썬다.
2 예열한 팬에 식용유를 두른 다음 키친타월로 닦는다.
3 프라이팬에 템페를 올리고 소금을 뿌려 앞뒤로 노릇하게 굽는다.

템페 구이 1접시(219kcal)

단백질	지방	당류	식이섬유	칼슘	나트륨	비타민A	비타민C
20.3g	13.8g	0g	0g	112mg	143mg	0㎍	0mg

마늘 고추기름과
고수 두부면 무침

포두부를 고수와 함께 무쳐 먹는 중국식 반찬으로 샐러드처럼 메인요리에 곁들이기 좋다. 양념에 들어가는 마늘 고추기름은 다진 마늘, 고춧가루, 식용유로 직접 만들 수 있으며 한 번에 여러 회 분량을 만들어두면 여러 볶음 요리나 무침에 두루 활용하기 좋다.

고수 두부면 무침 1접시(212kcal)

단백질	지방	당류	식이섬유	칼슘	나트륨	비타민A	비타민C
12.2g	13g	6g	3g	101mg	333mg	133μg	3.4mg

재료(2회분)

포두부 100g
고수 8줄기(80g)
양파 1/4개(50g)
당근 1/4개(50g)

양념

마늘 고추기름 1회분(26g)
간장 1큰술
식초 1큰술
설탕 1/2큰술
참깨 1큰술

마늘 고추기름(1회분)

다진 마늘 1큰술(10g)
식용유 듬뿍 1큰술(10g)
고춧가루 1큰술(6g)

만들기

1 마늘 고추기름 재료를 내열 그릇에 담고 섞는다.

2 전자레인지에 30초씩 두 번 돌려 마늘 고추기름을 만든다.

3 고수는 손가락 세 마디 길이로 썰고 양파와 당근은 채 썬다.

4 포두부는 돌돌 말아 면처럼 얇게 썬다.

5 마늘 고추기름에 참깨를 제외한 양념을 섞고 포두부, 고수와 함께 버무린다.

6 접시에 옮겨 담고 참깨를 뿌려 마무리한다.

TIP • 마늘 고추기름은 다진 마늘과 고춧가루까지 요리에 사용하고, 시판 고추기름을 쓸 경우 2큰술을 사용한다.

파이황과

오이를 두들겨 만드는 중국식 무침 요리로 새콤한 맛을 살려 오이를 색다르게 즐길 수 있다. 무더운 여름에 입맛을 돋우는 시원한 반찬이다.

재료(2회분)

오이 1개(200g)
소금 2/3큰술(7g)

양념

다진 마늘 1큰술
식초 2큰술
설탕 1큰술
연두 2/3큰술(7g)
참기름 4/5큰술(7g)

만들기

1 오이는 방망이 또는 칼의 두꺼운 면을 손바닥으로 내치치며 살짝 으깬다.
2 으깬 오이는 십자로 가르고 4등분한 다음 소금에 버무려 10분간 둔다.
3 양념 재료를 모두 섞어 양념장을 만든다.
4 오이는 물기를 살짝 짜낸 뒤 ③을 넣고 버무린다.

TIP • 만든 다음 오래 두면 오이의 수분이 빠져나와 싱거워지므로 바로 먹는 것이 좋다.

• 연두가 없다면 같은 양의 간장 또는 비건 다시다 1작은술로 대체한다.

파이황과 1접시(74kcal)

단백질	지방	당류	식이섬유	칼슘	나트륨	비타민A	비타민C
1.9g	3.5g	6.3g	0.9g	22mg	379mg	5µg	12mg

감자 유부 조림

밥 한 공기 뚝딱할 수 있는 밥도둑 반찬. 수분이 생기지 않아 도시락 반찬으로도 유용하다. 감자는 단백질 흡수와 근육 형성을 돕기 때문에 식물성 단백질이 많은 콩이나 견과류 등과 함께 먹으면 더욱 좋다.

재료(2회분)

감자 1개(180g)
슬라이스 유부 60g
대파 약간(30g)
간장 2큰술
올리고당 1큰술(20g)
식용유 4/5큰술(7g)
물 3큰술
참깨 1큰술

만들기

1 감자는 깍둑 썰고 물에 헹궈 전분을 제거한다. 대파는 잘게 썬다.
2 슬라이스 유부는 뜨거운 물을 부었다가 찬물에 헹궈 기름을 제거한다.
3 예열한 팬에 식용유를 두른 다음 감자를 볶는다.
4 감자가 익으면 간장, 올리고당, 물을 넣고 볶는다. 물이 졸아들면 감자가 푹 익을 때까지 물을 조금씩 추가한다.
5 감자가 익으면 유부, 대파를 넣고 1분간 더 볶은 뒤 참깨를 뿌려 마무리한다.

감자 유부 조림 1접시(286kcal)

단백질	지방	당류	식이섬유	칼슘	나트륨	비타민A	비타민C
11.5g	15g	5g	3.9g	211mg	481mg	4㎍	10mg

PART 1

마음까지 데우는 든든한 아침 식사

채식 식단은 일반식에 비해 열량이 낮은 경우가 많으므로 되도록 아침 식사를 챙겨 먹는 것이 좋다. 아침은 여유 없이 가장 바쁜 시간대이기 때문에 대부분 3분 이내의 간단한 조리로 완성할 수 있는 요리 위주로 뽑았다. 또는 미리 만들어 냉동실에 얼려두었다가 데워 먹는 방법을 활용해도 효율적이다.

오버나이트 오트밀

아침에 아무런 고민 없이 가장 간편하게 먹기 좋은 메뉴. 식이섬유가 많은 오트밀에 제철 과일로 수분과 비타민을, 견과류로 양질의 지방을 보충해주면 건강하고 든든한 아침 메뉴가 완성된다.

재료(1인분)

오트밀 3큰술(30g)

두유 100g

견과류 1줌(20g)

사과 1/2개(150g)

딸기 5개(70g)

만들기

1 두유에 오트밀을 넣고 냉장고에서 반나절 이상 불린다. 따뜻하게 먹고 싶다면 먹기 직전에 전자레인지에 2분 30초간 돌린다.

2 과일과 견과류는 잘게 썬다.

3 ②를 오트밀에 얹어 먹는다.

TIP • 오트밀은 국산 귀리로 만든 제품이 더 달고 고소하다.

• 과일은 사과, 딸기 이외에 계절에 맞는 어느 과일이든 사용해도 된다. 단, 귤과 오렌지 같은 시트러스 계열의 과일은 산 성분이 많아 공복에는 피하는 것이 좋다.

오버나이트 오트밀과 계절 과일(408kcal)

단백질	지방	당류	식이섬유	칼슘	나트륨	비타민A	비타민C
14g	18g	18g	12g	101mg	158mg	2.3㎍	59mg

두유 요거트

온도만 잘 맞추면 기계 없이도, 우유 없이도 요거트를 만들 수 있다. 오버나이트 오트밀 재료에서 두유 대신 요거트로 바꿔 유산균까지 풍부한 아침 식사를 챙겨보자.

재료(4회분)

두유 500g
유산균 1포(2g)

만들기

1 두유를 전자레인지에 넣고 2분간 살짝 따뜻한 정도로 데운 다음 유산균 가루를 넣고 잘 섞는다.
2 ①을 유리병에 담아 뚜껑을 닫고 35~40도 정도의 따뜻한 곳에서 3~4시간 발효한다.
3 두유가 굳으면 냉장 보관하여 일주일 내에 먹는다.

TIP • 두유 요거트를 오래 두면 유청이 분리되는데, 물을 버리고 남은 유청은 그릭 요거트처럼 꾸덕하다.

두유 요거트 1그릇(73kcal)

단백질	지방	당류	식이섬유	칼슘	나트륨	비타민A	비타민C
6.1g	3.2g	1.2g	1.4g	34mg	194mg	0µg	0mg

콩죽

점심까지 배가 고프지 않을 만큼 든든한 콩죽. 콩과 쌀은 함께 먹으면 부족한 아미노산을 서로 보완해준다. 콩죽은 만드는 데 시간이 오래 걸리기 때문에 여러 번 먹을 분량을 한꺼번에 만들어 냉동실에 소분해두었다가 전자레인지에 데워 먹는 것을 추천한다.

재료(3회분)

말린 대두 3/5컵(100g)
쌀 2/3컵(100g)
소금 3/5작은술(2g)
물 800ml

만들기

1 콩과 쌀은 깨끗이 씻어 콩은 물 400ml에 담가 6시간 이상 불리고, 쌀은 물 200ml에 담가 15분 이상 불린다.
2 콩과 콩 불린 물을 믹서에 넣고 곱게 간다.
3 쌀은 물을 버리고 ②에 넣어 입자가 남을 만큼 30초 정도 짧게 간다.
4 냄비에 간 콩과 쌀을 넣고 물 200ml를 추가해 중불로 끓인다.
5 거품이 생기면서 끓기 시작하면 눋지 않도록 저으며 15분 정도 끓인다. 질감이 너무 되직하면 물을 조금 더 넣는다.
6 약불로 줄여 소금을 넣은 다음 5분가량 끓여 완성한다.

TIP • 콩죽은 서리태로 만들면 단백질 함량도 높아지고 훨씬 고소하다.

콩죽 1그릇(259kcal)

단백질	지방	당류	식이섬유	칼슘	나트륨	비타민A	비타민C
14g	5g	2g	9g	90mg	224mg	0㎍	1mg

단호박죽

갑자기 쌀쌀해진 계절의 아침에는 단호박죽이 제격이다. 따뜻하고 푸근한 단호박죽은 몸을 데워주고 풍부한 식이섬유와 항산화 비타민 덕분에 면역력도 높여준다. 계절이 바뀌는 문턱에 꼭 필요한 메뉴다.

재료(1인분)

단호박 300g
쌀가루 1/2컵(50g)
물 400ml

양념

설탕 1/2큰술
소금 3/5작은술(2g)

만들기

1 단호박은 찜기에 넣고 10분 동안 찐 다음 껍질을 제거한다.

2 찐 단호박과 물 200ml를 믹서에 넣어 곱게 간다.

3 쌀가루를 물 200ml에 넣고 푼 다음 ②와 함께 냄비에 넣고 중불에서 저으며 끓인다.

4 끓기 시작하면 약불로 줄이고 3분간 저으며 끓인다.

5 설탕, 소금으로 간하고 약불에서 2분간 더 끓인다.

TIP • 쌀가루가 없다면 불린 쌀이나 찬밥을 물과 함께 갈아서 사용해도 된다.
  • 병아리콩 구이(p.44)와 함께 먹으면 부족한 단백질을 채울 수 있다.

단호박죽 1그릇(401kcal)

단백질	지방	당류	식이섬유	칼슘	나트륨	비타민A	비타민C
8.7g	3.1g	27.1g	15.9g	52mg	677mg	1197μg	78mg

들깨 오트밀죽

3분 만에 끓일 수 있는 초간단 죽. 들깨에는 오메가3, 칼슘, 마그네슘이 듬뿍 들어가 있어 생선에서 얻는 영양소를 대체해준다. 영양 죽 한 그릇으로 간편하게 건강을 챙겨보자.

재료(1인분)

오트밀 4큰술(20g)
연두부 1팩(150g)
물 300ml

양념

들깻가루 3큰술(21g)
소금 1/3작은술(1g)

만들기

1 오트밀과 물, 연두부는 함께 으깨 냄비에 넣고 중불에 끓인다.
2 끓어오르면 약불로 줄이고 들깻가루와 소금을 넣는다.
3 1~2분 정도 젓다가 오트밀이 부드러워지면 완성이다.

TIP • 양파 장아찌(p.41)나 무말랭이 츠케모노(p.42)와 함께 먹으면 잘 어울린다.

들깨 오트밀죽 1그릇(262kcal)

단백질	지방	당류	식이섬유	칼슘	나트륨	비타민A	비타민C
14.6g	13g	1.4g	8.9g	146mg	419mg	0.4㎍	0mg

대파 감자 수프

대파의 감칠맛과 감자의 부드러움, 그리고 캐슈 크림의 고소한 맛을 더한 풍성한 수프다. 바싹 구운 바게트(p.230)나 사워도우 한 조각을 곁들이면 영양 밸런스가 좋은 든든한 아침 식사로 완벽하다.

재료(1인분)

감자 1개(200g)
대파 150g
캐슈 크림(p.37) 150g
물 130ml

양념

올리브유 4/5큰술(7g)
소금 3/5작은술(2g)
후추 약간

만들기

1 감자는 적당한 크기로 깍둑 썰고, 대파는 뿌리 위주로 잘게 썬다.
2 냄비에 올리브유를 두르고 대파 흰 부분이 갈색이 될 때까지 약불로 볶은 다음 토핑용으로 조금 덜어둔다.
3 감자, 물 100ml, 캐슈 크림, 소금을 넣어 뚜껑을 닫고 7분간 중강불로 푹 익힌다.
4 믹서에 ③을 넣고 곱게 간다.
5 다시 냄비로 옮겨서 물 30ml를 넣고 저으며 약불로 1~2분간 끓인다.
6 그릇에 담고 볶은 대파와 후추를 뿌려 마무리한다.

TIP • 뜨거운 음식을 믹서에 돌릴 때는 입구나 뚜껑을 살짝 열어 천으로 덮고 갈아야 안전하다.

대파 감자 수프 1그릇(403kcal)

단백질	지방	당류	식이섬유	칼슘	나트륨	비타민A	비타민C
12.3g	20.5g	5.7g	8.8g	72mg	675mg	35μg	26mg

무 크림 수프

소화를 돕는 무가 듬뿍 들어간 크림 수프. 캐슈 크림은 무에 부족한 무기질을 보충해 영양소 밸런스를 맞춰준다. 무의 고소함과 풍미도 캐슈 크림 덕분에 더욱 깊어진다.

재료(1인분)

무 250g
캐슈 크림(p.37) 150g
물 150ml

양념

올리브유 4/5큰술(7g)
다진 마늘 1큰술
들깻가루 1/2큰술(4g)
소금 3/5작은술(2g)

만들기

1 무는 3mm 두께로 얇게 썰고 마늘은 잘게 다진다.
2 냄비에 올리브유, 마늘을 넣고 볶다가 무와 소금을 넣은 다음 마저 볶는다.
3 물을 넣고 무가 익을 때까지 중강불로 끓인다.
4 믹서에 무와 들깻가루를 넣고 간다.
5 냄비에 ④와 캐슈 크림을 넣어 약불에서 2분간 끓인다.

TIP • 캐슈 크림 대신 무가당 두유나 오트 밀크로 대체할 수 있다.

무 크림 수프 1그릇(312kcal)

단백질	지방	당류	식이섬유	칼슘	나트륨	비타민A	비타민C
8.7g	21.7g	6.4g	5g	87mg	695mg	0.5μg	23mg

양배추 콩 수프

속이 쓰릴 때는 부드럽게 익은 양배추가 위벽을 보호해주는 양배추 콩 수프를 추천한다. 믹서 없이도 쉽게 만들 수 있는 요리로 콩 삶은 물을 활용해서 재료 본연의 깊은 풍미가 살아 있다.

재료(1인분)

양배추 250g
삶은 대두(p.34) 2/3컵(70g)
콩 삶은 물 1/2컵(90g)
물 200ml

양념

올리브유 4/5큰술(7g)
다진 마늘 1큰술
소금 3/4작은술(2.5g)

만들기

1 양배추는 사각형으로 썰고 마늘은 잘게 다진다.
2 냄비에 올리브유를 두르고 양배추와 마늘, 소금을 넣고 양배추가 부드럽게 익을 때까지 중불로 볶는다.
3 냄비에 물을 붓고 중불로 1~2분간 끓인다.
4 삶은 콩과 콩 삶은 물을 넣고 중불로 3분간 더 끓인다.

TIP • 병아리콩, 호랑이콩, 서리태, 통조림 콩으로도 가능하며 통조림 콩이라면 소금은 넣지 않는다.

양배추 콩 수프 1그릇(302kcal)

단백질	지방	당류	식이섬유	칼슘	나트륨	비타민A	비타민C
17.4g	13.9g	1.8g	14.4g	206mg	859mg	3㎍	51mg

사과 케일 양배추 스무디

아침에 과일과 채소를 함께 갈아 마시면 수분이 곧바로 충전되는 느낌이다. 눈이 밝아지고 피부도 촉촉해진다. 사과, 케일, 양배추는 각종 스무디를 시도하던 시기에 가장 즐겨 마시던 조합으로, 재료를 구하기도 쉽고 매일 먹어도 질리지 않는 신선한 맛이다.

재료(1인분)

사과 1/2개(150g)
양배추 2~3장(100g)
케일 5장(20g)
물 80ml

만들기

1 사과, 케일, 양배추는 적당한 크기로 썬다.
2 믹서에 물과 함께 넣고 간다.

TIP • 스무디에 견과류를 곁들이면 지용성 비타민의 흡수율이 높아지고, 혈당도 천천히 올라가므로 함께 먹는 것을 추천한다.
  • 스무디 재료는 전날 밤에 미리 손질해 소분해두면 아침 시간을 아낄 수 있다.

사과 케일 양배추 스무디 1잔(124kcal)

단백질	지방	당류	식이섬유	칼슘	나트륨	비타민A	비타민C
2.6g	1.1g	16.4g	6.3g	115mg	17mg	55µg	22mg

시금치 아보카도 스무디

지금까지 만들어본 스무디 중 가장 놀라웠던 조합의 스무디. 시금치와 아보카도를 함께 갈면 고소한 맛이 극대화되고 마치 가스파초를 먹는 듯한 느낌이 든다. 아보카도의 지방은 시금치의 지용성 비타민 흡수를 돕는다.

재료(1인분)

시금치 4줄기(60g)
아보카도 1/2개(60g)
양배추 1장(40g)
사과 1조각(30g)
물 100ml
라임 1조각(또는 라임즙 1큰술)

만들기

1 시금치, 아보카도, 양배추는 적당한 크기로 썬다.
2 믹서에 라임즙을 제외한 모든 재료를 넣고 곱게 간다.
3 컵에 담아 라임즙을 조금씩 뿌리며 마신다.

TIP • 시금치에는 결식의 원인이 되는 옥살산이 많으므로 생시금치는 가끔만 먹는 게 좋다. 옥살산은 끓는 물에 60초 이상 데치면 대부분 제거된다.

시금치 아보카도 스무디 1잔(152kcal)

단백질	지방	당류	식이섬유	칼슘	나트륨	비타민A	비타민C
4g	9.3g	5.2g	7.8g	67mg	21mg	196μg	49mg

통밀 팬케이크

주말에는 팬케이크를 만들며 느긋하게 브런치를 즐겨보자. 팬케이크 믹스 없이도 밀가루와 베이킹파우더만 있으면 쉽게 만들 수 있다. 좋아하는 토핑을 가득 얹어 달콤한 주말의 여유를 마음껏 누리길!

재료(3회분)

통밀가루 2/3컵(70g)
베이킹파우더 1/2큰술(5g)
설탕 1/2큰술
시나몬 가루 1/2작은술(1.5g)
두유 120g
올리브유 4/5큰술(7g)
레몬즙 1작은술
소금 2꼬집
식용유 약간

토핑

메이플 시럽 2큰술(20g)
블루베리 1/2컵(50g)
딸기 5개(70g)
아몬드 5알(5g)

만들기

1 가루류(통밀가루, 베이킹파우더, 설탕, 시나몬 가루, 소금)를 잘 섞는다.
2 액체류(두유, 올리브유, 레몬즙)를 ①에 넣고 날가루가 보이지 않을 때까지 섞는다.
3 약불로 예열한 팬에 식용유를 두르고 키친타월로 닦아낸다.
4 반죽을 국자로 떠서 팬 위에 둥근 원을 그리며 붓는다.
5 반죽에 거품이 생기면 뒤집어 2분간 더 익힌다.
6 딸기는 4등분하고, 아몬드는 잘게 다진다.
7 접시에 팬케이크를 담고 메이플 시럽, 과일, 아몬드로 장식한다.

통밀 팬케이크 3장(482kcal)

단백질	지방	당류	식이섬유	칼슘	나트륨	비타민A	비타민C
16.3g	27.4g	9.6g	26g	450mg	723mg	4μg	61mg

PART 2

간편하게 준비하는
점심 메뉴

점심에도 채식, 비건식을 유지하고 싶다면 도시락을 싸보자. 매일 준
비하기는 어렵지만 전날 밤에 미리 만들어두면 평일 중에 2~3일은
도전해볼 만하다. 이번 파트에서는 만들기 쉽고 다음 날 먹어도 충분
히 맛있으며, 냄새가 강하지 않은 메뉴 위주로 구성했다. 조금 더 건
강한 도시락을 원한다면 생채소나 과일을 곁들여준다.

두부 강된장 1접시(144kcal) / 알배추 쌈밥(457kcal)

단백질	지방	당류	식이섬유	칼슘	나트륨	비타민A	비타민C
9.8g	7.8g	3g	4.5g	69mg	646mg	84㎍	1mg
19g	11.4g	6.9g	8.9g	197mg	665mg	108㎍	32mg

두부 강된장과
알배추 쌈밥

만들기도 쉽고 어디서든 편하게 먹기 좋은 쌈
밥. 케일, 양배추, 호박잎, 머위잎, 근대 등 제
철에 나는 어떤 잎채소든 사용할 수 있는 만
능 도시락 메뉴다. 강된장은 밀프렙을 할 때
사이드 메뉴로도 좋아서 넉넉히 만들어 냉장
고에 넣어두면 일주일 동안 채소를 넣은 비빔
밥, 반찬으로도 활용할 수 있다.

재료(1인분)

알배추 8~10장(200g), 잡곡밥 160g, 두부 강된장 1회분(160g)

두부 강된장(2회분)

두부 1/2모(150g), 새송이버섯 1/4개(50g), 양파 1조각(30g), 당근 1조각(30g), 된장 1큰술,
고추장 1/2큰술, 들기름 1큰술, 물 130ml

만들기

1 두부, 새송이버섯, 양파, 당근은 잘게 다진다.

2 예열한 팬에 기름 없이 ①을 볶는다.

3 ②에 된장, 고추장, 물을 추가해 중불로 볶다가 수분이 날아가면 약불로 줄인다.

4 들기름을 섞은 다음 불을 끄면 강된장 완성이다.

5 알배추는 찜기에 5분간 찐 다음 찬물에 헹궈 물기를 짜낸다.

6 배춧잎을 펼치고 줄기 부분에 밥과 강된장을 한 숟가락씩 얹고 돌돌 말아 잎 부분으로
   감싸서 모양을 잡는다. 나머지 잎도 반복해 완성한다.

TIP • 찜기가 없다면 전자레인지 용기에 알배추를 넣고 전자레인지에 5분간 돌려주면 된다. 배추에
   물기가 충분하므로 따로 물은 넣지 않아도 괜찮다.

   • 채소마다 찌는 시간은 조금씩 다르므로 다른 잎채소를 쓴다면 너무 물러지지 않을 정도로 시
   간을 맞춰서 찐다.

새송이 충무김밥 1인분(610kcal)

단백질	지방	당류	식이섬유	칼슘	나트륨	비타민A	비타민C
21g	15,3g	27,8g	21g	159mg	993mg	239㎍	15mg

새송이
충무김밥

새송이버섯을 가장 맛있게 먹으려면 새송이 숙회를 꼭 맛봐야 한다. 새송이 숙회는 새송이버섯을 쪄서 찬물에 식힌 다음 결을 따라 찢어 탱글탱글하고 쫄깃한 상태로 먹는 요리다. 봄에 제철인 풋마늘과 함께 매콤 새콤하게 무치면 충무김밥에 곁들이기에 제격이다.

재료(1인분)

잡곡밥 160g
새송이버섯 1개(200g)
풋마늘 100g
김밥용 김 1장

양념

고춧가루 듬뿍 2.5큰술(20g)
간장 2큰술
설탕 2큰술
식초 1큰술
물 1큰술
참기름 4/5큰술(7g)
참깨 1큰술

만들기

1 새송이버섯은 찜기에 5분간 찐 다음 얼음물에 담가 식힌다.
2 풋마늘은 손가락 세 마디 길이로 썰어 찜기에 1분간 찐 다음 찬물로 헹궈 물기를 짜낸다.
3 새송이버섯은 세로로 반 자르고 결을 따라 길게 손으로 찢는다.
4 양념 재료를 모두 섞고 새송이버섯과 풋마늘을 넣어 무친다.
5 김을 반으로 자르고 밥의 절반을 세로로 길게 올려 돌돌 만다.
6 김에 참기름을 발라 4등분하고 풋마늘 무침과 함께 접시에 담는다. 풋마늘 무침에 참깨를 뿌려 마무리한다.

TIP • 풋마늘은 주로 3~4월에 나오므로 풋마늘을 구하기 어려운 계절에는 대파로 대체한다.

채소 토핑 유부초밥 1인분(759kcal)

단백질	지방	당류	식이섬유	칼슘	나트륨	비타민A	비타민C
34.3g	34.3g	9.1g	8.4g	471mg	519mg	248㎍	51mg

채소 토핑
유부초밥

유부초밥에 밥 양을 줄이고 대신 두부를 넣어
단백질을 더한 다음 그 위에 채소 토핑을 올
려 비타민과 식이섬유까지 갖춘 건강한 유부
초밥 도시락이다. 다양한 색깔의 채소로 유부
초밥을 화려하게 꾸며주면 피크닉에서 주목
받는 메뉴로도 손색이 없다.

재료(1인분/8개)

유부초밥용 유부 8장(60g), 잡곡밥 160g, 두부 1/3모(100g), 소금 약간,
유부초밥용 소스 1큰술(10g)

채소 토핑

당근라페(p.39) 1접시(60g), 파프리카 1/4개(50g), 두부 마요네즈(p.36) 1작은술(5g),
부추 50g, 참기름 약간, 소금 2꼬집

만들기

1 두부는 소금을 살짝 뿌리고 으깬 다음 체에 걸러서 물기를 제거한다.

2 유부는 양념 물을 살짝 짠다.

3 두부와 밥, 유부초밥 소스 1큰술을 넣고 섞는다.

4 유부는 속을 펴고 ③을 한 숟갈 가득 넣어 유부초밥 총 8개를 만든다.

5 파프리카는 잘게 다져 두부 마요네즈와 섞는다.

6 부추는 끓는 물을 부어 살짝 익힌 다음 찬물에 헹궈 물기를 짜내고 소금, 참기름을 넣어
  무친다.

7 유부초밥 위에 당근라페, 다진 파프리카, 부추 무침을 따로따로 올린다.

TIP • 토핑용 파프리카를 다양한 색으로 준비하면 더욱 화려한 색감의 유부초밥을 완성할 수 있다.

얼갈이 볶음밥 1인분(460kcal)

단백질	지방	당류	식이섬유	칼슘	나트륨	비타민A	비타민C
10.6g	17.6g	1.2g	5.9g	317mg	800mg	186㎍	34mg

얼갈이 볶음밥

끼니마다 채소를 챙겨 먹기 힘든 바쁜 1인 가
구에게 특별히 추천하고 싶은 메뉴. 얼갈
이배추는 칼슘, 마그네슘, 비타민A, 비타민
K 같은 영양소가 풍부하면서도 가격까지 저
렴해 가성비가 좋다. 간단한 양념으로도 깊은
맛을 내는 얼갈이 볶음밥으로 영양 듬뿍 식사
를 꾸려보자.

재료(1인분)

얼갈이배추 150g
잡곡밥 160g
마늘 5개(10g)
페페론치노 약간
간장 1.5큰술
식용유 4/5큰술(7g)
들기름 4/5큰술(7g)

만들기

1 얼갈이배추는 가로로 얇게 썰고, 마늘은 편 썬다.
2 페페론치노는 잘게 다진다.
3 예열한 팬에 식용유를 두르고 마늘과 페페론치노를 약불에 서서
   히 익힌다.
4 얼갈이배추, 밥, 간장을 넣고 함께 볶는다.
5 불을 끄고 들기름을 뿌려 섞은 다음 접시에 담는다.

TIP • 동일한 재료와 조리법으로 밥만 스파게티 면으로 바꾸면 얼갈이 파스타가 완성된다.

• 여러 회 분량을 만들어 냉동실에 넣어두었다가 해동해서 먹으면 간편하다.

마늘종 소보로 덮밥 1인분(683kcal)

단백질	지방	당류	식이섬유	칼슘	나트륨	비타민A	비타민C
25.2g	31g	7g	12g	207mg	828mg	78㎍	27mg

마늘종
소보로 덮밥

잘게 다진 마늘종과 으깬 두부를 소보로처럼
고슬고슬하게 볶아 얹은 마제소바 스타일의
덮밥이다. 김가루와 부추를 올려 감칠맛을 더
했다. 조리 마지막에 시나몬 가루를 조금만
추가하면 이국적인 맛으로 확 바뀐다.

재료(1인분)

잡곡밥 160g, 두부 120g, 마늘종 5~6줄기(50g), 부추 40g, 들기름 4/5큰술(7g),
깻가루 1큰술, 김가루 약간(2g)

채소 토핑

마늘 고추기름(p.46) 1회분, 간장 2/3큰술(7g), 미소 1작은술(10g), 설탕 1작은술,
물 1큰술, 시나몬 가루 약간

1

3

5

만들기

1 마늘종과 부추는 잘게 썰고, 두부는 소금을 뿌려 잘게 으깬다.

2 마늘 고추기름을 만들어 시나몬 가루를 제외한 양념 재료를 모두 섞는다.

3 예열한 팬에서 두부를 볶아 수분을 날린다.

4 ③에 마늘종과 ②의 양념장을 넣고 약불로 2~3분간 볶는다. 양념이 탈 것 같으면 물을 조금씩 추가한다.

5 시나몬 가루를 살짝 추가해 마저 볶다가 마늘종이 익으면 불을 끈다.

6 그릇에 밥을 담고 그 위에 ⑤와 잘게 썬 부추, 김가루를 올리고 들기름을 한 바퀴 둘러 마무리한다.

> **TIP** • 도시락으로 쌀 때는 밥 위에 양념장을 얹으면 수분이 밥에 배어 질어질 수 있으므로 따로 담아 가는 것을 추천한다.

양배추 로켓 샌드위치 1인분(490kcal)

단백질	지방	당류	식이섬유	칼슘	나트륨	비타민A	비타민C
20.7g	16g	17g	8g	113mg	1110mg	140㎍	54mg

양배추 로켓
샌드위치

단백질 가득한 순두부 마요네즈와 양배추를 왕창 넣은 속 편한 샌드위치다. 양배추를 부드러운 순두부 마요네즈에 버무려 산더미처럼 쌓아 올린 다음 꾹꾹 눌러 넣으면 특별한 재료 없이도 든든하다. 양배추는 위벽을 보호해주고 단백질, 식이섬유, 비타민, 무기질 모두 골고루 포함하고 있어 건강한 점심 도시락을 찾고 있다면 이만한 메뉴가 없다.

재료(1인분)

식빵 2장(80g), 양배추 200g, 당근 1조각(30g), 양파라페(p.39) 1접시(60g),
홀그레인 머스터드 1큰술(10g), 소금 3/5작은술(2g)

순두부 마요네즈

순두부 1/2팩(150g), 레몬즙 1큰술, 올리브유 4/5큰술(7g), 설탕 1/2큰술, 소금 1/3작은술(1g)

만들기

1 양배추와 당근은 채칼로 얇게 썰고 소금을 뿌려 잠시 절인다.

2 물기를 제거한 순두부와 마요네즈 양념을 모두 믹서에 넣고 갈아 마요네즈를 만든다.

3 식빵에 각각 순두부 마요네즈를 바른다.

4 소금에 절인 양배추와 당근은 물기를 짠 다음 순두부 마요네즈, 홀그레인 머스터드를 넣고 섞는다.

5 식빵 위에 양파 라페를 올리고 그 위에 ④를 산처럼 쌓는다.

6 반대편 빵으로 꾹 눌러 종이호일 또는 샌드위치 랩으로 포장한다.

TIP • 순두부를 하루 전에 포장에서 꺼내 밀폐용기에 넣고 냉장고에 반나절 이상 넣어두면 순두부 중량의 20~30%까지 수분이 자연스럽게 빠져나온다.

• 속 재료의 양은 '식빵에 다 들어갈 수 있을까?' 싶을 정도로 많지만 분량만큼 모두 넣어야 풍족한 식감을 살릴 수 있다. 덮은 식빵을 꾹 누르면 부피가 크게 줄어든다.

• 순두부 마요네즈는 재료의 수분이 빵에 흡수되지 않도록 하는 역할도 하므로 반드시 양쪽 모두 발라야 한다.

• 양파라페는 당근라페(p.39)와 같은 방법으로 만들 수 있다.

당근라페 두부텐더 샌드위치 1인분(593kcal)

단백질	지방	당류	식이섬유	칼슘	나트륨	비타민A	비타민C
20.9g	30g	12.3g	7.2g	123mg	1138mg	415μg	4mg

당근라페 두부텐더 샌드위치

시판 제품인 두부텐더를 활용한 간단한 샌드위치 레시피다. 당근라페와 두부 마요네즈를 미리 만들어두었다면 손쉽게 만들 수 있다. 새콤한 당근라페와 아삭한 상추, 고소한 두부텐더가 어우러지면 맛도 조화롭지만 색 구성도 아름답다. 예쁜 도시락 통에 담아 피크닉을 가기에도 적절한 메뉴다.

재료(1인분)

식빵 2장(80g), 두부 텐더 4~5개(100g), 로메인 상추 50g, 당근라페(p.39) 1접시(60g), 두부 마요네즈(p.36) 2큰술(20g)

만들기

1 두부 텐더는 에어프라이어 180도에서 15분 동안 바삭하게 굽는다.

2 식빵 각각에 두부 마요네즈를 바른다.

3 식빵 위에 로메인 상추, 당근라페, 두부텐더 순서로 올리고 다른 빵으로 덮는다.

4 종이호일 또는 샌드위치 랩으로 포장해 고정한 다음 반으로 자른다.

TIP • 샌드위치는 가로 방향으로 놓고 세로 방향으로 썰었을 때 속 재료의 단면이 더 잘 보인다.

• 바깥쪽 식빵을 둥그렇게 말아주면 원형 도시락 통에 넣었을 때 모양이 예쁘게 잡힌다.

단호박 샌드위치 1인분(634kcal)

단백질	지방	당류	식이섬유	칼슘	나트륨	비타민A	비타민C
14.7g	21.7g	43g	16.6g	82mg	626mg	1030㎍	58mg

단호박 샌드위치

가을의 색을 닮은 울긋불긋한 샌드위치. 단호
박을 미리 쪄두면 훨씬 간편하게 만들 수 있
다. 부드럽게 으깬 단호박은 고소한 아몬드,
아삭한 가을 사과와도 잘 어울려서 샌드위치
속 재료에 함께 넣어 먹기에 좋다.

재료(1인분)

식빵 2장(80g)
단호박 200g
당근라페(p.39) 1접시(60g)
사과 1/2개(150g)
아몬드 5알(5g)
두부 마요네즈(p.36)
    4큰술(40g)

만들기

1 단호박은 적당한 크기로 썰어 찜기에 넣고 10분간 찐다.
2 사과는 씨 부분을 V자 모양으로 자른 다음 2쪽만 얇게 썬다.
3 나머지 사과와 아몬드를 잘게 다진다.
4 단호박을 으깬 다음 다진 사과와 아몬드, 두부 마요네즈 2큰술을
   넣고 잘 섞는다.
5 식빵 각각에 두부 마요네즈를 바른다.
6 빵 위에 사과, 단호박, 당근라페를 차례대로 올리고 다른 빵으로
   덮는다.
7 종이호일 또는 샌드위치 랩으로 고정한 다음 반으로 자른다.

TIP • 새로운 맛과 색감의 샌드위치를 만들고 싶다면 당근 대신 적양배추로 만든 라페를 넣는 것도
     추천한다.
     • 사과 대신 건 크랜베리를 넣으면 쫄깃한 식감이 더해진다.

아보카도 살사와 두부칩 1접시(499kcal)

단백질	지방	당류	식이섬유	칼슘	나트륨	비타민A	비타민C
22.4g	35.2g	9.8g	15.1g	152mg	862mg	87㎍	82mg

아보카도 살사와 두부칩

포두부를 전자레인지에 돌리면 탄수화물 없는 단백질 토르티야 칩을 간단하게 만들 수 있다. 지방이 풍부한 아보카도, 무기질과 비타민이 많은 토마토로 만든 살사와 두부칩을 함께 먹으면 한 끼 식사로도 부족하지 않을 영양 밸런스가 완성된다.

재료(1인분)

포두부 100g
아보카도 1/2개(150g)
방울토마토 15개(100g)
양파 1/4개(50g)
파프리카 30g
고수 3줄기(20g)
풋고추 1개(15g)
소금 약간

살사 양념

라임즙 4큰술
소금 3/5작은술(2g)
후추 약간

만들기

1 포두부는 삼각형 모양으로 자르고 소금을 살짝 뿌린 다음 전자레인지에서 2분 이상 돌린다.

2 방울토마토는 8등분하고 양파, 파프리카, 고수는 잘게 다진다.

3 풋고추는 반 갈라 씨를 제거하고 잘게 썬다.

4 아보카도를 으깨고 ②, ③의 채소와 살사 양념 재료를 모두 넣고 섞는다.

5 ④의 아보카도 살사에 두부칩을 곁들인다.

> **TIP** • 아보카도 살사는 냉장고에 10분 정도 보관해두어야 양념이 잘 배서 훨씬 맛있다.
>
> • 고수를 잘 못 먹는다면 생략하거나 민트 혹은 쪽파로 대체한다.

마늘종 페스토 파스타 1인분(556kcal)

단백질	지방	당류	식이섬유	칼슘	나트륨	비타민A	비타민C
15.8g	24.1g	3.8g	6.1g	94mg	628mg	13㎍	15mg

마늘종 페스토
파스타

알싸한 마늘종과 크리미한 페스토로 버무린
파스타. 미리 마늘종 페스토를 만들어두었다
면 파스타를 삶는 것만으로도 도시락이 완성
된다. 페스토 양념이 고루 묻어나게 하려면
숏 파스타를 사용하는 것이 좋다.

재료(1인분)

숏 파스타 1인분(80g)
마늘종 들기름 페스토(p.38)
　　5큰술(50g)
마늘종 2줄기(20g)
아몬드 치즈 가루(p.35)
　　2큰술(20g)
파스타 면수 1국자(50g)
소금 3/4큰술(5g)
물 500ml

만들기

1 냄비에 물과 소금을 넣고 끓이다가 물이 끓으면 파스타를 넣어 충
　분히 익힌다.

2 마늘종은 잘게 썬다.

3 냄비에 파스타와 파스타 삶은 물 반 국자를 남기고 나머지 면수를
　따라 버린 다음 마늘종 들기름 페스토, 잘게 다진 마늘종을 넣어
　섞는다.

4 도시락 통에 파스타를 담고 아몬드 치즈 가루는 따로 준비했다가
　먹기 직전에 뿌린다.

TIP ・ 이 책에서는 파스타 종류로 펜네를 사용했지만 푸실리, 파르팔레, 콘킬리에 등 어느 숏 파스타
　　든 잘 어울린다.
　　・ 파스타는 종류에 따라 익히는 시간이 조금씩 다르다. 파스타 봉지에 써 있는 시간을 참고해 입
　　맛에 맞게 익힌다.

PART 3

—

고단한 하루를
위로하는 저녁밥

저녁밥을 제때, 그것도 비건식으로 사수한다는 것은 쉬운 일이 아니다. 어렵다는 것을 누구보다 잘 알기에 간단하면서도 해 먹을 의지가 생길 만한 입맛 돋는 메뉴들로 구성했다. 저녁 식사는 하루의 고단함을 내려놓고 나에게 좋은 것을 대접하는 소중한 시간이므로 고민은 잠시 제쳐두고 온전히 요리에 집중해보자.

진짜 감자탕 1대접(230kcal)

단백질	지방	당류	식이섬유	칼슘	나트륨	비타민A	비타민C
12.4g	5.5g	6.2g	12.6g	170mg	1075mg	127㎍	19mg

진짜 감자탕

밖에서 사 먹을 때마다 감자탕에 감자가 한 조각밖에 없어서 아쉬웠다면 진짜 감자탕을 꼭 드셔보시길. 돼지의 등뼈 대신 땅에서 자란 감자가 듬뿍 들어 있어 훨씬 더 구수하고 담백하다.

재료(2회분)

감자 1개(200g), 깻잎 15장(30g), 느타리버섯 100g, 양파 80g, 부추 30g, 들깻가루 3큰술(21g), 채수(p.33) 또는 물 500ml

양념

된장 1.5큰술, 고추장 1큰술, 다진 마늘 1큰술, 물 3큰술

만들기

1 감자는 가로로 납작하게 썬다.

2 양파는 채 썰고, 부추와 깻잎은 손가락 세 마디 길이로 썬다. 느타리버섯은 하나씩 손으로 뜯는다.

3 채수 또는 물에 감자, 양파, 느타리버섯을 넣고 중강불로 끓인다.

4 양념 재료를 모두 섞은 다음 ③이 끓어오르면 같이 넣고 섞어 5분간 더 푹 끓인다.

5 감자가 익으면 깻잎, 부추, 들깻가루를 넣고 1~2분간 약불로 마저 끓인다.

TIP • 깻잎과 들깨는 많이 넣을수록 맛이 깊어지므로 과하다 싶을 만큼 넣어보자.

채수 뭇국 1인분(168kcal)

단백질	지방	당류	식이섬유	칼슘	나트륨	비타민A	비타민C
7.7g	7.7g	5g	8.2g	131mg	842mg	5㎍	23mg

채수 뭇국

무는 속을 편안하게 해줄 뿐 아니라 으슬으슬 추운 날에는 몸을 따뜻하게 데워준다. 특히 무가 제철인 10~12월에는 맛이 더욱 깊어져 자주 손이 가는 메뉴다. 채식을 처음 시도해본다면 무의 담백한 단맛과 채수의 깊은 감칠맛을 경험하기에 좋은 국이다.

재료(1인분)

무 150g
마늘 2개(5g)
부추 30g
연두 1큰술(10g)
들기름 4/5큰술(7g)
소금 약간
채수(p.33) 또는 물 500ml

만들기

1 무는 나박 썰기 하고, 마늘과 부추는 잘게 다진다.
2 냄비에 무, 마늘, 들기름을 넣고 마늘이 익을 때까지 1~2분간 약불로 볶는다.
3 채수 또는 물과 연두를 넣어 무가 익을 때까지 중불에서 충분히 끓인다.
4 무가 부드럽게 익으면 소금으로 간한다. 불을 끄고 부추를 올려 마무리한다.

TIP • 연두가 없다면 국간장이나 양조간장을 1/2큰술 넣고 소금을 조금 넣는다.
• 채수를 사용할 경우 채수에 들어 있는 다시마와 표고버섯을 함께 썰어 넣으면 훨씬 깊은 맛을 낼 수 있다.

알배추 두부 된장국 1인분(93kcal)

단백질	지방	당류	식이섬유	칼슘	나트륨	비타민A	비타민C
8.6g	2.4g	2.7g	6.6g	125mg	588mg	11㎍	16mg

알배추 두부
된장국

뭘 먹을지 고민되는 날에는 가장 기본적인 된장국만 한 것도 없다. 만드는 법이 간단하며 배추, 두부까지 더해지면 든든함까지 배가된다. 알배추 대신 근대, 아욱, 시래기, 무청으로 대체해 얼마든지 다양한 요리로 재탄생시킬 수 있다.

재료(1인분)

알배추 2장(70g)
두부 30g
채수(p.33) 또는 물 300ml
된장 1/2큰술
소금 약간

만들기

1 두부는 가로세로 2cm의 큐브 모양으로, 배추는 반으로 갈라 손가락 한 마디 길이로 썬다.

2 냄비에 채수 또는 물을 붓고 된장을 푼 다음 썬 배추를 넣고 배추가 익을 때까지 한소끔 끓인다.

3 두부를 넣고 1분간 더 끓인다. 소금으로 간한다.

TIP • 국내산 콩과 천일염으로 발효한 재래식 된장을 사용하면 맛이 훨씬 깊어진다.
• 끓을 때 간을 보면 짠맛이 덜 느껴지므로 약간 싱겁다 싶게 맞춰야 먹을 때 간이 알맞다.

순두부 토마토탕 1인분(198kcal)

단백질	지방	당류	식이섬유	칼슘	나트륨	비타민A	비타민C
14.3g	6.8g	9.6g	4.7g	57mg	1081mg	92㎍	22mg

순두부
토마토탕

토마토와 식초를 넣어 새콤하게 먹는 중국식 탕 요리다. 국에 식초를 넣는다는 것이 낯설 수도 있지만 한번 먹어보면 예상치 못한 감칠맛에 푹 빠질지도 모른다. 순두부를 넣으면 부드러운 식감과 단백질이 더해져 저녁 식단에 곁들이기에 좋다.

재료(1인분)

순두부 1/2팩(150g), 방울토마토 15~20개(150g), 양파 1/4개(50g), 부추 30g, 물 350ml

양념

식용유 1/2큰술, 간장 1/2큰술, 식초 1큰술, 연두 2/3큰술(7g), 전분 물 1큰술, 소금 약간

만들기

1 부추와 양파는 잘게 다지고, 방울토마토는 4등분한다.

2 순두부는 칼의 넓은 면으로 으깬다.

3 냄비에 식용유와 다진 양파를 넣고 약불에 볶는다.

4 양파가 어느 정도 익으면 방울토마토, 소금을 넣고 볶는다.

5 토마토에서 수분이 빠져나올 때쯤 간장을 두르고 간장을 살짝 태워 채소에 향을 입힌
다. 물을 넣고 중불로 3분간 더 끓인다.

6 순두부, 연두, 식초를 넣고 1~2분간 더 끓인다.

7 전분 1큰술, 물 2큰술을 섞어 전분물을 만들어 조금씩 넣고 휘젓다가 어느 정도 점성이
생기면 불을 끈다.

8 먹기 직전에 잘게 썬 부추를 뿌린다.

TIP • 식초를 분량대로 넣으면 너무 시큼할 수 있다. 조금씩 넣어보며 취향에 따라 조절한다.

무 톳밥 1인분(344kcal) / 양념장 1회분(58kcal)

단백질	지방	당류	식이섬유	칼슘	나트륨	비타민A	비타민C
6.9g	4.6g	2.2g	2.3g	91mg	192mg	11㎍	11mg
1.8g	3.9g	1.7g	1.3g	32mg	359mg	28㎍	10mg

무 톳밥

톳은 칼슘이 풍부하며 씹는 맛이 좋아 다양한
요리에 활용하기 좋다. 부드럽게 익은 무와
함께 밥을 지으면 양념장만 넣어 비벼 먹어도
맛에 부족함이 없다. 남은 톳밥은 채 썬 채소
와 초고추장을 넣어 회 없는 비건 회덮밥처럼
먹을 수 있다.

재료(2회분)

무 200g
쌀 1컵(150g)
생 톳 70g
들기름 4/5큰술(7g)
맛술 1큰술
소금 1작은술
물 120ml

양념장

홍고추 1개(15g)
쪽파 1개(15g)
간장 1.5큰술
참깨 1큰술
들기름 1/2큰술
설탕 1작은술
물 1큰술

만들기

1 쌀은 여러 번 씻어 물에 20분 이상 불린다.
2 무는 1cm 두께로 막대 썰기 한 뒤 5분간 소금에 절였다가 가볍게
   헹군다.
3 톳은 물에 씻어 15분 이상 담가 염분을 제거한 다음 손가락 한마
   디 길이로 썰고 들기름과 맛술을 넣어 버무린다.
4 냄비에 불린 쌀, 무, 톳, 물을 넣고 뚜껑을 닫아 중강불로 끓인다.
5 5분간 끓이다가 중불로 줄이고 7분간 더 익힌 다음 불을 끄고 10
   분 이상 뜸 들인다.
6 고추는 반 갈라 씨를 제거한 다음 잘게 썰고, 쪽파도 잘게 썬다. 양
   념장 재료를 모두 섞어 양념장을 만든다.
7 그릇에 밥을 담고 양념장을 곁들인다.

상추 볶음 1인분(234kcal)

단백질	지방	당류	식이섬유	칼슘	나트륨	비타민A	비타민C
7.5g	13.4g	5.6g	8.3g	241mg	514mg	515㎍	1.3mg

상추 볶음

상추 씻는 시간을 포함해 5분이면 완성하는 초간단 반찬. 입맛 돋우는 매콤한 양념에 살짝 볶은 상추는 밥 한 공기를 뚝딱하게 만드는 밥도둑이다. 상추 이외에 다른 쌈 채소나 양상추로도 응용 가능하다.

재료(1인분)

상추 200g

양념장

마늘 고추기름(p.46)
    2큰술(26g)
간장 1큰술
올리고당 1/2큰술
물 1큰술
참깨 1큰술
식용유 약간

만들기

1 마늘 고추기름에 간장, 올리고당, 물을 섞어 양념장을 만든다.
2 예열한 팬에 식용유를 살짝 두르고 상추와 양념장을 넣어 1분간 중강불에 빠르게 볶다가 불을 끈다.
3 접시에 담고 참깨를 뿌린다.

TIP • 상추는 너무 오래 볶으면 죽처럼 흐물흐물해지므로 1분 내외로 빠르게 볶는 것이 중요하다.

애호박 덮밥 1인분(530kcal)

단백질	지방	당류	식이섬유	칼슘	나트륨	비타민A	비타민C
13.3g	16.9g	13.5g	9.6g	106mg	961mg	75㎍	14mg

애호박 덮밥

부드럽고 달콤한 애호박을 매콤한 소스에 볶아 맛의 밸런스를 꽉 잡은 요리. 애호박은 익힌 채로 오래 두면 수분이 빠져나오므로 볶아서 바로 먹어야 아삭한 식감과 본연의 단맛을 제대로 느낄 수 있다.

재료(1인분)

잡곡밥 160g
애호박 200g
양파 80g
마늘 5개(10g)
쪽파 1개(15g)
들기름 4/5큰술(7g)
참깨 1작은술
식용유 약간

양념장

간장 2큰술
고춧가루 1/2큰술(3g)
설탕 2/3작은술(3g)

만들기

1 애호박과 양파는 채 썰고, 마늘과 쪽파는 잘게 썬다.
2 양념장 재료를 모두 섞어 양념장을 만든다.
3 예열한 팬에 식용유를 두르고 마늘을 약불에 볶는다.
4 애호박, 양파를 넣고 중불에 볶다가 수분이 빠져나오기 시작하면 양념장을 섞는다. 볶을 때 수분이 부족하면 물을 조금씩 추가한다.
5 밥 위에 볶은 애호박을 얹고 들기름과 쪽파, 참깨를 뿌린다.

> **TIP** • 삶은 대두(p.34 참조) 2큰술을 추가하면 단백질까지 더해진 완벽한 한 끼가 완성된다. 삶은 대두는 애호박을 볶을 때 함께 볶는다.

양념 두부장 덮밥 1인분(516kcal) / 양념 두부장 1회분(148kcal)

단백질	지방	당류	식이섬유	칼슘	나트륨	비타민A	비타민C
20.6g	15.9g	9.8g	8.3g	145mg	688mg	215㎍	6mg
12g	4g	8g	5g	50mg	658mg	82㎍	2mg

양념 두부장
덮밥

순두부를 꽃게무침 양념으로 무쳐낸 비건식
양념게장이다. 트위터에서도 많은 사랑을 받
았던 화제의 메뉴. 갓 지은 뜨끈한 밥 위에 양
념 두부장과 상추를 얹고 김가루를 뿌린 다음
참기름을 한 바퀴 둘러 비벼 먹으면 양념게장
비빔밥, 딱 그 식감과 맛을 즐길 수 있다.

재료(1인분)

잡곡밥 160g, 양념 두부장 1접시(300g), 상추 5장(50g), 쪽파 1개(15g), 김가루 2g,
참기름 4/5큰술(7g)

양념 두부장(2~3회분)

순두부 1봉지(400g), 양파 1/2개(100g), 고춧가루 3.5큰술, 고추장 2큰술, 간장 2큰술
설탕 1/2큰술, 맛술 1큰술, 참깨 1큰술, 참기름 1작은술, 소금 약간

만들기

1 순두부는 포장지를 제거하고 밀폐용기에 담아 소금을 살짝 뿌려 냉장고에서 반나절 이상 보관해 수분을 제거한다.

2 양파는 얇게 채 썰고 나머지 두부장 양념을 모두 섞어 양념장을 만든다.

3 수분을 뺀 순두부에 양념장을 펴 바르듯이 섞는다.

4 상추, 쪽파는 잘게 썬다.

5 밥 위에 양념 순두부를 얹고 상추, 쪽파, 김가루를 올린 다음 참기름을 뿌려 조금씩 비벼 먹는다.

TIP • 양념장을 섞을 때 순두부가 너무 으깨지지 않도록 최소한으로만 섞어준다.
  • 양념 두부장은 냉장 보관하고 5일 이내에 먹는다.

양파 스테이크 덮밥 1인분(431kcal) / 양파 스테이크 1회분(135kcal)

단백질	지방	당류	식이섬유	칼슘	나트륨	비타민A	비타민C
10.8g	11.7g	12.2g	5.4g	102mg	753mg	131㎍	10mg
2.8g	7.1g	11.5g	2.7g	26.8mg	723mg	0.4㎍	8.8mg

양파 스테이크 덮밥

항상 구운 고기에 조연으로 곁들이기만 하던
양파가 주연으로 등장했다. 양념에 잘 구운
양파는 부드러운 단맛과 촉촉한 질감으로 훌
륭한 메인요리다. 밥과 함께 상추, 김가루만
곁들이면 든든한 스테이크 덮밥이 된다.

재료(1인분)

잡곡밥 160g
양파 스테이크 1회분(185g)
상추 3장(30g)
김가루 2g

양파 스테이크(1회분)

양파 150g
간장 1.5큰술
식초 1/2큰술
설탕 1작은술
물 2큰술
올리브유 4/5큰술(7g)

만들기

1 양파는 가로로 1.5cm 내외의 두께로 두툼하게 썬다.

2 간장, 식초, 설탕, 물을 섞어 양념장을 만든다.

3 예열한 팬에 올리브유를 두르고 양파를 앞뒤로 중불에 노릇하게
   굽는다.

4 구운 양파에 양념장을 붓고 양파를 앞뒤로 뒤집어가며 약불에서
   졸인다.

5 상추는 길게 썬다.

6 밥 옆에 상추를 깔고 그 위에 양파 스테이크를 얹은 다음 밥에 김
   가루를 뿌려 함께 먹는다.

TIP • 양파를 구울 때는 뒤집개와 주걱을 양쪽으로 받쳐주면서 뒤집어야 양파링이 빠지지 않는다.
    • 양념이 탈 때는 물을 조금씩 넣는다.

유부 조림 김밥 1인분(565kcal)

단백질	지방	당류	식이섬유	칼슘	나트륨	비타민A	비타민C
23.3g	21g	5.9g	5.5g	382mg	432mg	236μg	26mg

유부 조림
김밥

김밥 한 줄에 단백질 23g이 넘는 고단백 김밥. 단짠 양념이 듬뿍 밴 유부와 다채로운 식감의 채소들을 양껏 넣으면 유명 맛집 부럽지 않은 두툼한 김밥이 완성된다. 재료를 모두 갖추지 않아도 유부 외의 채소들은 비슷한 색깔의 다른 채소로 얼마든지 대체할 수 있다.

재료(1인분)

잡곡밥 160g, 슬라이스 유부 50g, 부추 70g, 당근 30g, 파프리카 15g, 깻잎 4~5장(10g), 단무지 1개(25g), 김밥 김 1장, 참기름 약간, 식용유 약간

유부 조림 양념

간장 1큰술, 설탕 1작은술, 물 5큰술

만들기

1 당근과 파프리카는 채 썰고 부추는 반으로 썬다.

2 유부는 뜨거운 물을 부어 기름을 제거하고 물기를 짠다.

3 예열한 팬에 식용유를 살짝 두르고 당근과 부추를 숨이 죽을 만큼만 각각 짧게 볶는다.

4 유부 조림 양념을 모두 섞은 다음 팬에 유부와 함께 넣고 약불로 볶아 유부를 조린다. 수분이 날아갈 때까지 졸인다.

5 김 윗부분에 1cm 정도를 남기고 전체에 밥을 넓게 편 다음 김 끝에 밥풀 몇 개를 눌러 붙인다. 펼친 밥의 아랫부분에 깻잎, 부추, 유부 조림, 단무지, 당근, 파프리카 순서로 쌓는다.

6 깻잎 2장으로 김밥 속 재료를 덮는다.

7 김 아랫부분을 깻잎 위로 덮듯이 말며 재료 사이에 공백이 없도록 꾹 눌러 동그랗게 만든다.

8 김밥에 참기름을 살짝 바른 다음 먹기 좋은 크기로 썬다.

TIP · 단무지는 무말랭이 츠케모노(p.42 참조)로 대체할 수 있다.

당근 미나리 김밥 1인분(472kcal)

단백질	지방	당류	식이섬유	칼슘	나트륨	비타민A	비타민C
10.9g	11.3g	20.9g	11g	104mg	567mg	794μg	9mg

당근 미나리 김밥

달달한 당근 볶음과 매콤 새콤한 미나리 무침
이 하나의 김밥에서 만났다. 봄에 필요한 무
기질과 비타민이 듬뿍 들어간 건강 김밥이다.

재료(1인분)

잡곡밥 160g
당근 150g
미나리 70g
양파 30g
김밥 김 1장
참기름 약간
소금 1/2작은술(1.5g)
식용유 약간

양념

고추장 1/2큰술
고춧가루 1/2큰술
식초 1/2큰술
설탕 1/2큰술
간장 1작은술
참기름 약간

만들기

1 당근과 양파는 얇게 채 썰고, 미나리는 손가락 한 마디 길이로 썬다.

2 양념 재료를 모두 섞어 양파, 미나리와 함께 무친다.

3 예열한 팬에 식용유를 두르고 당근과 소금을 넣어 1~2분간 살짝
   볶는다.

4 김밥 김 위에 밥을 고르게 펴고 미나리, 당근 순서로 올린다.

5 김밥 김 아랫부분을 당근 위로 덮듯이 말며 재료 사이에 공백이
   없도록 꾹 눌러 동그랗게 만든다.

6 김밥에 참기름을 살짝 바른 다음 먹기 좋은 크기로 썬다.

> **TIP** • 미나리를 무친 다음 바로 김밥을 말아야 김밥이 터지지 않는다.
>
> • 밥 위에 상추나 깻잎, 포두부를 깔고 미나리 무침을 얹어주면 수분이 빠져나오지 않아 예쁘게
>   김밥을 말 수 있다.

오이 아보카도 김초밥 1인분(398kcal)

단백질	지방	당류	식이섬유	칼슘	나트륨	비타민A	비타민C
10.7g	9.7g	5.2g	9.9g	102mg	887mg	240㎍	60mg

오이 아보카도 김초밥

두툼한 일본식 김밥인 후토마끼 스타일의 김밥이다. 아삭한 오이 채와 큼지막한 아보카도가 들어가 와사비 간장에 찍어 먹어야 비로소 맛이 완성된다.

재료(1인분)

백미밥 1그릇(160g)
오이 1/2개(100g)
아보카도 1/2개(60g)
시금치 60g
빨간 파프리카 20g
단무지 1개(25g)
김밥 김 1장
단촛물 1/2큰술

단촛물

식초 2큰술
설탕 1큰술
소금 3/5작은술(2g)

양념

간장 1큰술
와사비 약간

만들기

1 냄비에 단촛물 양념을 모두 넣고 설탕이 녹을 때까지 끓인 다음 식힌다.
2 밥은 미리 꺼내 한 김 식히고, 단촛물 1/2큰술을 넣고 고루 섞는다.
3 아보카도는 길게 반 자른 다음 길고 두껍게 썬다.
4 오이, 파프리카는 얇게 채 썰고, 시금치는 뜨거운 물에 30초간 데쳐 물기를 꾹 짠다.
5 김 위에 밥을 고르게 편 다음 시금치, 아보카도, 단무지, 파프리카, 오이 순서로 쌓는다.
6 김밥 김 아랫부분을 덮듯이 말며 재료 사이에 공백이 없도록 꾹 눌러 동그랗게 만든다.
7 김밥은 먹기 좋은 크기로 썰어 와사비 간장에 찍어 먹는다.

TIP • 단촛물로 양념한 초밥은 물그릇을 옆에 두고 손에 물을 묻히며 말아야 손에 밥풀이 달라붙지 않는다. 썰 때에도 칼의 표면에 물을 묻혀 자른다.

깻잎 냉파스타 1인분(539kcal)

단백질	지방	당류	식이섬유	칼슘	나트륨	비타민A	비타민C
16.6g	18.8g	6.3g	8.6g	206mg	633mg	190㎍	0.8mg

깻잎
냉파스타

들깻가루부터 들기름, 깻잎까지 들깨의 생애
가 한 접시에 담긴 깻잎 냉파스타. 들깨를 좋
아하는 사람이라면 누구나 좋아할 만한 맛 보
장 레시피로 트위터에서도 화제가 되었다.

재료(1인분)

스파게티 80g
깻잎 15장(30g)
소금 1/2큰술
물 600ml

양념

들깻가루 3큰술(21g)
들기름 듬뿍 1큰술(10g)
간장 1큰술
식초 1큰술
설탕 1/2큰술

만들기

1 물에 소금을 넣고 끓이다가 물이 끓으면 면을 넣어 8분간 삶은 다음 건져서 물을 뺀다.
2 양념을 모두 섞어 설탕이 녹을 때까지 젓고 완성되면 스파게티 면과 고루 섞는다.
3 ②는 냉장고에 5분간 보관해 살짝 차갑게 만든다.
4 깻잎은 꼭지를 떼고 끝에서부터 돌돌 말아 얇게 채 썬다.
5 접시에 면을 담고 깻잎을 듬뿍 올린다.

TIP • 양파 장아찌(p.41 참조)를 채 썰어 얹어 먹으면 더욱 맛있다.

톳 알리오올리오 1인분(607kcal)

단백질	지방	당류	식이섬유	칼슘	나트륨	비타민A	비타민C
13.5g	28.2g	1.8g	3.7g	130mg	674mg	22μg	21mg

톳
알리오올리오

감칠맛 가득한 톳이 톡톡 터지는 매력적인 식
감의 알리오올리오 레시피다. 레몬이나 풋귤,
청귤과 같은 시트러스를 살짝 뿌리면 칼슘 흡
수율이 높아지고 맛도 한층 고급스러워진다.

재료(1인분)

스파게티 80g
생 톳 60g
마늘 15개(30g)
레몬 1/3개(30g)
물 600ml
소금 2/3큰술(7g)

양념

올리브유 3큰술
간장 2/3큰술(7g)
면수 1국자(50g)

만들기

1 톳은 씻어서 염분을 제거하고 끓는 물에 1분간 데쳐 먹기 좋은 크
   기로 썬다.
2 마늘은 편 썬다. 레몬은 고명용으로 한 조각만 잘라둔다.
3 냄비에 물, 소금을 넣고 끓이다가 물이 끓으면 면을 넣어 8분간 익
   힌다.
4 팬에 올리브유와 마늘을 넣고 약불에서 서서히 익힌다.
5 마늘이 익으면 톳을 넣고 중불에 볶는다.
6 삶은 면, 간장, 면수 1국자를 넣고 휘저으며 재빠르게 볶는다.
7 접시에 면을 담고 남은 레몬으로 즙을 뿌린 다음 레몬 슬라이스를
   올려 완성한다.

TIP • 오일 파스타에서 간을 맞출 때는 면수를 넣는 것이 핵심이다. 소금은 면의 식감을 좋게 하고
      맛을 돋운다.
    • 마늘은 센불로 익히면 금세 타고 쓴맛이 나므로 약불에서 서서히 익혀준다.

매콤 무 파스타 1인분(498kcal)

단백질	지방	당류	식이섬유	칼슘	나트륨	비타민A	비타민C
12.2g	18.5g	5.8g	7.2g	90mg	929mg	49㎍	21mg

매콤 무 파스타

간장과 고춧가루로 매콤하게 볶은 한식 스타일의 파스타다. 무의 양이 면보다 많아서 배부르게 먹어도 소화도 잘되며 열량도 부담이 없다. 특히 1인 가정은 엄두가 나지 않는 커다란 무를 산다 해도 거뜬히 해치울 수 있는 획기적인 메뉴.

재료(1인분)

무 200g
스파게티 70g
쪽파 1개(15g)
물 600ml
소금 1/3큰술(3g)

양념

마늘 고추기름(p.46)
　1회분(26g)
간장 1/2큰술
면수 1국자(50g)
들기름 4/5큰술(7g)
소금 3/5작은술(2g)

만들기

1 무는 가늘게 채 썰어 소금을 뿌려 5분간 절인다. 쪽파는 잘게 썬다.

2 냄비에 물, 소금을 넣고 끓이다가 물이 끓으면 면을 넣어 8분간 익힌다.

3 무의 소금을 털고 물기를 짠 다음 예열한 팬에 무가 살짝 익을 때까지 3분간 볶는다.

4 면수 1국자, 마늘 고추기름을 넣어 계속 볶는다.

5 삶은 면을 넣고 소스와 잘 섞이도록 여러 번 휘젓는다. 수분이 부족하면 면수를 추가한다.

6 가장자리에 간장을 둘러 보글보글 끓으면 간장 향을 입히듯이 섞는다.

7 불을 끄고 들기름을 섞은 다음 접시에 담고 쪽파를 올린다.

TIP • 무를 절일 때 소금이 들어가므로 면 삶는 물에는 소금을 적게 넣어야 간이 알맞다.

셀러리 볶음 쌀국수 1인분(548kcal)

단백질	지방	당류	식이섬유	칼슘	나트륨	비타민A	비타민C
15.2g	16.1g	10g	9g	153mg	816mg	213μg	16mg

셀러리
볶음 쌀국수

동남아 스타일로 색다르게 먹는 볶음 쌀국수
다. 매콤, 새콤, 달콤하게 볶은 셀러리와 면은
누구든지 선호하는 맛이다. 삶은 대두를 넣고
함께 볶아 단백질도 더하고 감칠맛도 더했다.

재료(1인분)

쌀국수 80g

셀러리 1대(100g)

삶은 대두(p.34) 2큰술(40g)

당근 30g

연두 1작은술(3g)

식용유 약간

소금 약간

양념장

마늘 고추기름(p.46) 1회분

간장 1큰술

설탕 1/2큰술

레몬즙 1/2큰술

만들기

1 셀러리는 사선으로 썰고, 당근은 채 썬다.

2 끓는 물에 쌀국수를 넣고 삶은 후 체에 밭쳐 물을 뺀다.

3 마늘 고추기름, 간장, 설탕, 레몬즙을 섞어 양념장을 만든다.

4 예열한 팬에 식용유를 두르고 삶은 대두와 연두를 볶다가 셀러리,
당근을 넣고 소금을 살짝 뿌려 더 볶는다.

5 볶은 채소에 삶은 쌀국수, 양념장을 넣고 강불로 1~2분간 짧게 볶
는다.

> TIP • 먹기 직전에 생 레몬즙이나 라임즙을 한 바퀴 둘러주면 풍미가 한층 올라간다.

알배추 볶음면 1인분(642kcal)

단백질	지방	당류	식이섬유	칼슘	나트륨	비타민A	비타민C
16.5g	30g	11g	11g	137mg	1004mg	71µg	29mg

알배추 볶음면

중국식 알배추 찜을 볶음국수로 변형한 레시피다. 볶은 알배추의 부드러운 식감과 입맛을 당기는 양념이 식욕을 한층 돋운다. 자극적인 야식이 먹고 싶을 때도 제격이다. 볶은 땅콩은 필수!

재료(1인분)

소면 80g
알배추 1/4포기(170g)
마늘 7~8개(15g)
대파 60g
땅콩 10g
식용유 듬뿍 2.5큰술(24g)
고춧가루 1큰술
소금 약간

양념장

간장 1.5큰술
식초 1큰술
설탕 1/2큰술

만들기

1 알배추는 가로로 채 썬다. 마늘, 대파, 땅콩은 잘게 썬다.
2 소면은 3분 30초간 삶은 다음 찬물에 살짝 헹궈 체에 밭쳐 물을 뺀다.
3 간장, 식초, 설탕을 섞어 양념장을 만든다.
4 예열한 팬에 식용유 1/2큰술, 소금 약간을 넣고 배추를 볶은 다음 접시에 덜어둔다.
5 팬에 식용유 2큰술, 마늘, 대파를 넣어 약불에 볶다가 마늘이 어느 정도 익으면 고춧가루를 넣어 볶는다.
6 덜어두었던 배추와 ③의 양념장을 넣고 중불로 볶다가 소면을 넣고 1분 내외로 재빠르게 섞는다.
7 접시에 담고 땅콩을 올린다.

TIP • 배추는 두꺼운 줄기부터 먼저 볶다가 잎을 나중에 넣어야 일정하게 익는다.

김치 비빔국수 1인분(602kcal)

단백질	지방	당류	식이섬유	칼슘	나트륨	비타민A	비타민C
14.7g	11.2g	27.5g	17.1g	155mg	973mg	413㎍	8mg

김치 비빔국수

고된 하루의 스트레스를 매운 음식으로 풀고 싶을 때 생각나는 비빔국수. 양념장의 감칠맛 비결은 바로 막걸리다. 막걸리가 매콤한 양념 장에 은은한 단맛과 미세한 탄산을 더해 맛의 깊이를 만들어낸다.

재료(1인분)

소면 100g
배추김치 1/2컵(50g)
상추 5장(50g)
양파 30g
오이 30g
당근 30g
참기름 4/5큰술(7g)
참깨 1작은술

양념

고추장 1큰술
올리고당 1큰술
고춧가루 듬뿍 2큰술(16g)
식초 1.5큰술
막걸리 1.5큰술(15g)
설탕 1큰술

만들기

1 상추는 잘게 썰고 오이, 당근, 양파는 얇게 채 썬다.
2 김치는 가위로 잘게 자른다.
3 소면을 3분 30초간 삶은 다음 찬물에 여러 번 헹궈 체에 밭쳐 물을 뺀다.
4 양념장 재료를 모두 넣어 설탕이 녹을 때까지 잘 섞는다.
5 넓은 볼에 소면, 채소 1줌, 양념장, 김치, 참깨를 넣고 무친다. 양념 장은 한 번에 다 넣지 않고 2/3 정도 넣은 다음 간을 보며 조금씩 추가한다.
6 ⑤를 접시에 담고 남은 채소를 올린 다음 참기름을 뿌린다.

TIP • 여기에 쓰인 양념장은 신김치를 사용했을 때에 맞춰져 약간 달고 싱거운 편이므로 김치 없이 만든다면 올리고당은 줄이고 간장을 추가해 간을 맞춘다.
• 막걸리는 같은 양의 물로 대체할 수 있다.

유부 당면 국수 1인분(467kcal)

단백질	지방	당류	식이섬유	칼슘	나트륨	비타민A	비타민C
19.1g	17.5g	5g	9g	430mg	1297mg	218㎍	11mg

유부 당면 국수

담백하고 따뜻한 국물이 있는 국수나 어묵탕을 먹고 싶을 때 10분 만에 해 먹을 수 있는 초간단 면 요리다. 쑥갓, 대파, 채수까지 더해지면 뼈에 좋은 칼슘과 마그네슘도 듬뿍 섭취할 수 있다.

재료(1인분)

당면 60g
유부 50g
애호박 50g
당근 30g
대파 30g
쑥갓 30g

양념

연두 2큰술
채수(p.33) 또는 물 250ml
물 250ml
후추 약간

만들기

1 당면은 찬물에 30분 이상 불린 다음 끓는 물에서 3분간 끓인 다음 건져내 물을 뺀다.
2 유부는 끓는 물을 부어 찬물로 헹군 다음 물기를 짠다.
3 애호박, 당근은 채 썰고 대파는 얇게 썬다. 쑥갓은 적당한 길이로 썬다.
4 채수 또는 물에 당면과 채소, 연두를 넣고 3분간 끓인다.
5 그릇에 담고 쑥갓을 올린 다음 후추를 뿌려 먹는다.

TIP • 당면은 미리 물에 담가 불려 냉장고에 넣어두면 일주일 정도 어떤 요리에든 간편하게 사용할 수 있다. 불리지 않은 당면은 찬물에 넣어 7분간 끓인다.
• 연두가 없으면 같은 양의 국간장 또는 양조간장 1큰술을 넣고 소금으로 간한다.

비건으로도 얼마든지 다양하고 화려한 음식을 만들 수 있다. 평일 요리에 비해 시간과 노력이 조금 더 필요하지만, 비교적 마음이 여유로운 주말에는 작정하고 비건으로 시도할 수 있는 세상의 모든 요리에 도전해보자.

PART 4

조금 특별한 주말을
만들어줄 특식

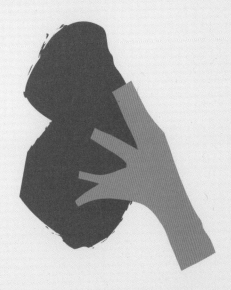

고사리 솥밥 1인분(426kcal) / 고사리 솥밥 양념장 1회분(112kcal)

단백질	지방	당류	식이섬유	칼슘	나트륨	비타민A	비타민C
10g	16g	1g	3g	23mg	599mg	28㎍	7mg
2g	7g	3g	1g	15mg	483mg	20㎍	2mg

고사리 솥밥

고생대부터 살아온 양치식물인 고사리에는
어떤 식재료로도 대체할 수 없는 고유한 맛과
식감이 있다. 고사리 솥밥은 해산물이나 육
류를 진하게 볶은 듯한 깊은 감칠맛과 구수한
맛이 난다.

재료(1인분)

말린 고사리 1줌(20g)
쌀 1/2컵(80g)
잣 10g
물 200ml

고사리 양념

다진 마늘 1큰술
연두 1큰술
들기름 4/5큰술(7g)

양념장

부추 15g
간장 1큰술
맛술 1큰술
들기름 4/5큰술(7g)
고춧가루 1/2큰술
식초 1작은술
설탕 1작은술

만들기

1 쌀은 여러 번 씻어 15분간 물에 불린다.

2 고사리는 반나절 이상 물에 담갔다가 깨끗한 물에 끓여 20분 이
   상 푹 삶는다. 데친 고사리는 손가락 두 마디 길이로 썬다.

3 냄비에 다진 마늘, 연두, 들기름을 넣고 고사리가 부드럽게 익을
   때까지 5분간 볶는다.

4 불린 쌀을 넣어 볶다가 물을 넣고 뚜껑을 닫아 중강불에 7분, 약불
   에 3분 익힌 다음 불을 끄고 5분 이상 뜸 들인다.

5 부추는 송송 썰고 나머지 고사리 솥밥 양념장 재료와 섞는다.

6 완성된 밥은 뒤섞어 그릇에 담은 다음 잣을 그레이터로 갈아서 올
   린다.

7 양념장을 조금씩 올려 비벼 먹는다.

TIP • 고사리에는 독이 있기 때문에 12시간 이상 물에 담갔다가 깨끗한 물에 끓이는 과정을 반드시
거쳐야 한다. 한 번에 2~3회 분량을 삶아 물에 담가두면 일주일 정도 냉장 보관할 수 있다.

대파 채개장 1인분(236kcal)

단백질	지방	당류	식이섬유	칼슘	나트륨	비타민A	비타민C
14.8g	9g	8g	16.1g	145mg	1062mg	95㎍	16mg

대파 채개장

대파와 채수를 넣은 비건식 육개장. 몸이 허하다고 느껴져 보양식이 필요하다고 생각될 때 이만한 메뉴가 없다. 대파는 많이 넣을수록 달큼하고 깊은 맛을 낸다.

재료(1인분)

대파 200g
새송이버섯 100g
삶은 고사리 20g
다진 마늘 1큰술
고춧가루 듬뿍 1큰술(8g)
들기름 4/5큰술(7g)
연두 또는 간장 1큰술
된장 1작은술
채수(p.33) 또는 물 500ml

만들기

1 대파는 반 갈라 손가락 세 마디 길이로 썬다.
2 새송이버섯은 세로로 채 썬다. 삶은 고사리도 비슷한 길이로 썬다.
3 냄비에 다진 마늘과 들기름을 둘러 약불에 볶다가 고춧가루를 넣고 더 볶는다.
4 손질한 채소와 채수 또는 물을 넣고 중강불로 3분간 끓인다.
5 연두, 된장을 풀고 중불로 7분간 끓인 다음 약불로 줄여 간한다.

TIP • 고춧가루는 불에 금방 타기 때문에 타기 직전까지만 볶고 바로 채소와 채수 또는 물을 넣어 끓인다.
• 감칠맛을 위해서는 채수를 불릴 때 사용한 건더기까지 넣는 것을 추천하며, 푹 끓여서 깊은 맛을 낸다.

매생이전 1인분(358kcal)

단백질	지방	당류	식이섬유	칼슘	나트륨	비타민A	비타민C
14.5g	14.7g	1.5g	10.6g	144mg	988mg	0μg	0.5mg

매생이전

해조류 가운데 철분이 가장 많은 매생이. 국으로 끓여 먹는 경우가 대부분이지만 바삭한 전으로 부치면 바다 향이 가득한 새로운 별미 전이 된다. 삶은 대두를 갈아 넣으면 단백질도 풍부해지고 맛의 깊이도 생긴다.

재료(1인분/4장)

생 매생이 100g
삶은 대두(p.34) 2큰술(40g)
식용유 2큰술

양념

튀김가루 1/2컵(50g)
찬물 80ml
소금 1/2작은술(1.5g)

만들기

1 매생이는 흐르는 물에 여러 번 씻고 체에 밭쳐 물을 뺀 다음 가위로 잘게 자른다.

2 삶은 대두와 찬물을 넣고 믹서에 30초 정도 입자가 남아 있도록 살짝 간다.

3 ②에 매생이, 튀김가루, 소금을 넣고 섞는다.

4 예열한 팬에 식용유를 두르고 반죽을 한 국자씩 떠서 얇게 부친다.

5 가장자리가 바삭하게 익으면 뒤집어 2분간 더 익힌다.

> **TIP** • 매생이는 철분이 매우 풍부하다. 매생이전 네 장만으로 철분은 19.2g(하루 권장 섭취량의 137%), 비타민B$_{12}$는 10.3㎍(하루 권장 섭취량의 428%)을 섭취할 수 있다.
>
> • 소금을 조금 더 넣으면 반찬으로도 적당하다.

백표고 볶음 1인분(225kcal) / 백표고 볶음 양념장 1회분(167kcal)

단백질	지방	당류	식이섬유	칼슘	나트륨	비타민A	비타민C
8.6g	12.1g	7.6g	12.5g	198mg	357mg	432µg	27mg
2.8g	9.6g	6.7g	2.7g	38mg	250mg	29µg	0.8mg

백표고 볶음
(비건 백순대)

복날을 위한 진정한 보양식으로 추천하는 백표고 볶음. 하루에 필요한 대부분의 무기질과 비타민을 섭취할 수 있으며, 현대인에게 가장 부족한 식이섬유까지 듬뿍 섭취할 수 있다. 표고와 채소를 양념장에 푹 찍어 깻잎에 싸 먹으면 백순대가 그립지 않다.

재료(1인분)

생 표고버섯 2개(50g)
양배추 2~3장(100g)
대파 50g
양파 50g
당근 50g
깻잎 15장(30g)
식용유 1큰술
들깻가루 1큰술(7g)
소금 1/3작은술(1g)

양념장

고추장 1/2큰술
올리고당 1큰술
식초 1큰술
다진 마늘 1큰술
들깻가루 1큰술(7g)
들기름 4/5큰술(7g)
물 1큰술

만들기

1 표고버섯은 밑동을 분리해 슬라이스하고 밑동은 손으로 가늘게 찢는다. 깻잎은 4등분한다.
2 양배추, 양파, 대파, 당근은 채 썬다.
3 식용유를 두르고 양배추, 양파, 당근, 소금을 넣어 중강불로 양배추가 익을 때까지 볶는다.
4 표고버섯과 대파, 들깻가루를 넣어 볶는다. 수분이 부족하면 물을 조금씩 추가한다.
5 양념장 재료를 모두 섞는다.
6 볶은 채소를 접시에 담고 양념장 소스를 곁들인다.

TIP • 당면을 넣을 경우에는 물에 30분 이상 불린 다음 ③에서 넣고 물을 반 컵 추가한다.

피넛버터 콩국수 1인분(592kcal)

단백질	지방	당류	식이섬유	칼슘	나트륨	비타민A	비타민C
31.1g	23.1g	4.7g	15g	201mg	536mg	2μg	4.6mg

피넛버터
콩국수

직접 삶은 대두로 콩국수를 만들면 국물이 진
득한 콩국수를 맛볼 수 있다. 여기에 피넛버
터와 참깨까지 추가하면 고소함이 두 배. 땅
콩과 참깨에는 대두에 부족한 필수 아미노산
인 메티오닌, 시스테인이 포함되어 있어 영양
적으로도 조합이 좋다.

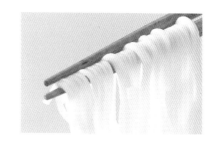

재료(1인분)

삶은 대두(p.34) 100g
소면 80g
오이 30g

양념

찬물 250ml
피넛버터 1큰술(20g)
참깨 1큰술
소금 1/3작은술(1g)

만들기

1 소면은 삶은 다음 찬물에 여러 번 헹궈 체에 밭쳐 물을 뺀다.
2 삶은 대두와 피넛버터, 참깨, 물을 믹서에 넣고 여러 번 갈아 곱게
   만든다. 소금을 넣어 간한다.
3 그릇에 소면을 담고 콩 국물을 붓는다.
4 오이를 채 썰어 고명으로 올린다.

TIP • 생수 대신 콩 삶은 물을 넣으면 훨씬 고소해진다.
     • 콩물은 금방 상하기 때문에 만들어서 바로 먹는다.

무말랭이 떡볶이 1인분(516kcal)

단백질	지방	당류	식이섬유	칼슘	나트륨	비타민A	비타민C
16.6g	12.6g	31.4g	12g	247mg	1079mg	163㎍	12mg

무말랭이
떡볶이

주기적으로 생각나는 떡볶이. 어떻게 하면 조금 더 건강하게 먹을 수 있을까 고민해봤다. 무말랭이는 혈당을 천천히 올리는 식이섬유와 비타민, 무기질이 많고 오독오독한 식감도 재미있다. 비건 떡볶이에는 어묵 대신 유부를 넣는다.

재료(1인분)

떡볶이 떡 60g
무말랭이 10g
무 50g
대파 30g
유부 30g
비건 다시다 1작은술
물 300ml

양념장

고추장 1큰술
올리고당 1큰술
고춧가루 듬뿍 2큰술(16g)
설탕 1큰술
후추 약간

만들기

1 무는 채 썰고, 무말랭이는 따뜻한 물에 넣어 10분 이상 불린다.
2 파는 반 갈라 손가락 두 마디 길이로 썬다.
3 유부는 뜨거운 물을 부어 기름을 제거하고 찬물에 헹군 다음 물기를 짠다.
4 양념장 재료를 모두 섞는다.
5 무, 떡, 무말랭이, 대파, 유부, 비건 다시다, 물을 넣고 중불로 2~3분간 끓인다.
6 떡이 부드럽게 익을 때쯤 양념장을 넣고 푼 다음 중불로 한소끔 끓인다.
7 원하는 농도가 될 때까지 약불로 졸인다.

TIP • 비건 다시다가 없다면 간장 2/3큰술로 대체한다.

양배추 납작만두 1인분(626kcal)

단백질	지방	당류	식이섬유	칼슘	나트륨	비타민A	비타민C
9,8g	17,4g	18g	12,8g	274mg	1203mg	378㎍	34mg

양배추 납작만두

양배추 소진용으로 추천하는 메뉴. 양배추가
들어간 라이스페이퍼 납작만두에 매콤 새콤
하게 무친 각종 채소를 듬뿍 넣어 싸 먹으면
양배추 반 통이 금세 사라진다.

재료(1인분)

라이스페이퍼 7장
양배추 200g
당근 30g
오이 30g
깻잎 20g
식용유 2큰술

만두소

불린 당면 35g
간장 1작은술
설탕 1작은술
후추 1/2작은술

무침 양념

고추장 1큰술
식초 1.5큰술
다진 마늘 1큰술
고춧가루 듬뿍 1큰술(8g)
올리고당 1/2큰술
설탕 1/2큰술
참깨 1큰술

만들기

1 납작만두용으로 손바닥만 한 크기의 양배추 잎 7장을 남기고 나머
   지는 얇게 채 썬다.
2 당근, 오이, 깻잎은 얇게 채 썰고 만두소 용도로 당근 조금을 잘게
   다진다.
3 불린 당면은 끓는 물에 넣고 3분간 데친 다음 물기를 제거하고 가
   위로 잘게 자른다.
4 다진 당근과 당면, 간장, 설탕, 후추를 섞어 소를 만든다.
5 끓는 물에 양배추 잎 7장을 1분간 데쳤다가 꺼내 물기를 짠다.
6 찬물에 담근 라이스페이퍼 위에 양배추 잎 한 장을 올리고 만두소
   를 넣은 다음 반으로 접는다. 끝부분에 물을 묻혀 잘 붙인다.
7 예열한 팬에 식용유를 두르고 납작만두를 앞뒤로 튀기듯 굽는다.
8 무침 양념을 모두 섞어 양념장을 만들고 채 썬 채소와 섞는다.
9 접시에 구운 납작만두를 담고 채소 무침을 곁들인다.

> **TIP** • 납작만두는 오래 구우면 라이스페이퍼가 뜯어지므로 2~3분 내외로 짧게 굽는다.

꼬시래기 김밥 1인분(467kcal)

단백질	지방	당류	식이섬유	칼슘	나트륨	비타민A	비타민C
14.9g	16.2g	4g	6.8g	490mg	364mg	340㎍	15mg

꼬시래기 김밥

칼슘과 철분이 듬뿍 들어 있는 꼬시래기. 오독한 식감이 매력적이고 면처럼 길어서 활용도가 높다. 하루에 필요한 무기질, 비타민을 채우도록 갖은 채소를 추가해 김밥으로 만들면, 단 한 줄만으로도 영양 가득한 한 끼가 완성된다.

재료(1인분)

잡곡밥 160g
김밥용 김 1장
꼬시래기 생것 1줌(60g)
두부 50g
당근 50g
상추 3장(30g)
단무지 1줄(25g)

양념

들기름 듬뿍 1큰술(10g)
간장 1작은술
식용유 약간

만들기

1 꼬시래기는 흐르는 물에 씻은 다음 물에 15분 이상 담가 염분을 제거한다.
2 끓는 물에 꼬시래기를 30초 정도 데친 다음 꺼내 체에 밭쳐 물을 뺀다.
3 당근은 채 썰고 두부는 1.5cm 두께로 2조각으로 썬 다음 예열한 팬에 식용유를 살짝 둘러 당근은 볶고 두부는 굽는다.
4 밥은 미리 꺼낸 한 김 식힌다.
5 꼬시래기에 간장, 들기름 1큰술을 넣고 잘 섞는다.
6 김 윗부분을 1cm 정도 남기고 나머지 부분에 밥을 얇게 펴고 김 끝에 밥풀을 붙인다. 펼친 밥의 아랫부분에 상추 2장을 올린다.
7 상추 위에 꼬시래기, 두부, 단무지, 당근 순서로 올린다.
8 속 재료 위에 상추 한 장을 덮고 김 아랫부분을 상추 위로 덮듯이 말며 재료 사이에 공백이 없도록 꾹 눌러 동그랗게 만든다.
9 남은 들기름을 김밥에 바르고 먹기 좋은 크기로 썬다.

TIP • 꼬시래기는 간장에 버무리면 수분이 빠져나오므로 김밥을 싸기 직전에 양념을 섞는다.

가지 유부 덮밥 1인분(734kcal)

단백질	지방	당류	식이섬유	칼슘	나트륨	비타민A	비타민C
28.4g	31.4g	11.1g	10.5g	453mg	986mg	54㎍	7mg

가지 유부
덮밥

가지의 스펀지 같은 질감을 활용하면 각양각
색의 비건 요리를 만들 수 있다. 가지 유부 덮
밥은 일본 가가와현의 향토 음식을 한국에서
구하기 쉬운 재료와 비건식으로 변형한 요리
다. 부드러운 가지와 유부에 듬뿍 밴 양념, 은
은하게 퍼지는 생강 향이 포인트다.

재료(1인분)

잡곡밥 160g
가지 1개(200g)
유부 60g
쪽파 2개(30g)
참기름 4/5큰술(7g)
채수(p.33) 또는 물 100ml
페페론치노 약간

양념장

간장 2큰술
맛술 1큰술
설탕 1/2큰술
다진 생강 1/2작은술(2g)

만들기

1 가지는 반 갈라 겉면에 사선으로 5mm 간격으로 칼집을 낸다. 쪽
  파는 잘게 썬다.

2 유부는 뜨거운 물을 부어 기름기를 제거하고 찬물에 헹군 다음 물
  기를 짠다.

3 양념장 재료를 모두 섞어 양념장을 만든다.

4 예열한 팬에 참기름을 두르고 가지를 앞뒤로 노릇하게 굽는다.

5 가지의 겉면이 갈색으로 변하면 양념장과 채수 또는 물, 페페론치
  노를 넣고 중불로 졸이듯이 굽는다.

6 수분이 줄면 유부를 넣고 약불에서 2~3분간 더 졸인다.

7 밥 위에 가지와 유부를 올리고 쪽파를 얹어 밥과 함께 먹는다.

TIP • 이 레시피로 가지 냉소면도 만들 수 있다. 삶아서 헹군 소면 위에 졸인 가지와 유부를 얹고 양
파 장아찌(p.41 참조)의 간장 한 국자를 부은 다음 얼음을 띄워 시원하게 먹는다.

채식 짬뽕 1인분(529kcal)

단백질	지방	당류	식이섬유	칼슘	나트륨	비타민A	비타민C
18.5g	13.2g	13.3g	22.4g	181mg	1086mg	278μg	27mg

채식 짬뽕

해산물 대신 채소가 가득 들어간 얼큰한 비건식 짬뽕이다. 목이버섯은 끓일수록 감칠맛이 진해지는 천연 조미료다. 섬유질과 항산화 비타민으로 면역력까지 높여주는 건강한 버전의 짬뽕에 도전해보길.

재료(1인분)

소면 80g
양배추 큰 잎 2장(70g)
생 목이버섯 30g
양파 30g
대파 30g
당근 30g
마늘 7~8개(15g)
채수(p.33) 또는 물 500ml

양념

고춧가루 3.5큰술(21g)
식용유 듬뿍 1큰술(10g)
간장 3/4큰술(8g)
소금 1/3작은술(1g)
설탕 1작은술

만들기

1 소면은 삶은 다음 물에 살짝 헹궈 체에 밭쳐 물을 뺀다.
2 양배추, 목이버섯, 양파, 당근은 얇게 채 썰고 대파와 마늘은 잘게 다진다.
3 냄비에 대파와 마늘, 식용유를 넣고 약불에 볶는다.
4 대파와 마늘이 익을 때쯤 고춧가루와 간장을 넣고 고추기름이 나올 때까지 볶는다.
5 양배추, 양파, 당근과 간장, 목이버섯을 넣고 중강불에 1분간 볶다가 채수 또는 물을 넣고 채소가 익을 때까지 끓인다.
6 소금, 설탕으로 간하고 약불에서 한소끔 더 끓인다.
7 그릇에 소면을 담고 국물과 채소 건더기를 붓는다.

> **TIP** • 채수를 활용하면 국물 맛이 훨씬 시원해진다.
> • 중국집의 자극적인 짬뽕 맛을 원한다면 소금 대신 비건 다시다나 연두로 간한다.

비건 콩짜장 1인분(613kcal)

단백질	지방	당류	식이섬유	칼슘	나트륨	비타민A	비타민C
19.5g	19.3g	16.3g	15.5g	112mg	1126mg	150㎍	10.2mg

비건
콩짜장

춘장은 콩을 발효시켜 만든 중국식 장으로 의
외로 비건 식재료에 속한다. 더구나 첨가물이
들어 있지 않다면 건강에 더욱 좋다. 비건 짜
장답게 씹는 맛을 높여주는 각종 채소를 큼직
하게 썰어 넣고 삶은 대두까지 추가해주면 대
체육 없이도 단백질이 풍부한 건강 요리가 만
들어진다.

재료(1인분)

칼국수 건면 80g, 삶은 대두(p.34) 2큰술(40g), 양파 120g, 애호박 50g, 당근 30g, 오이 30g

양념

춘장 1.5큰술(30g), 식용유 1.5큰술(13.5g), 설탕 1작은술, 물 1/3컵(60g)

만들기

1 칼국수는 끓는 물에 삶아 물에 헹군 다음 체에 밭쳐 물을 뺀다.

2 양파는 1cm 내외 크기로 깍둑 썰고 오이는 채 썬다.

3 애호박과 당근은 양파보다 작은 크기로 깍둑 썬다.

4 예열한 팬에 식용유를 1/2큰술 두르고 삶은 대두, 양파, 애호박, 당근을 중강불로 빠르게 볶는다.

5 볶은 채소는 팬 한쪽으로 밀어놓고 다른 한쪽에서 식용유 1큰술과 춘장, 설탕을 넣어 춘장을 기름에 튀기듯 볶는다.

6 채소와 춘장을 섞고 물을 추가해 수분이 줄어들 때까지 1~2분 정도 볶는다.

7 접시에 칼국수 면을 담고 짜장을 부은 다음 채 썬 오이를 올린다.

TIP • 짜장면을 먹을 때 빠질 수 없는 단무지는 첨가물이 들어간 시판용을 사용하기보다 무말랭이 츠케모노(p.42)를 활용하면 좋다.

셀러리 물만두 1인분(500kcal) / 양념장 1회분(14kcal)

단백질	지방	당류	식이섬유	칼슘	나트륨	비타민A	비타민C
26.1g	17.2g	1.7g	5.1g	188mg	811mg	45μg	11mg
1g	0g	0g	0.3g	2.7mg	335mg	0μg	0.4mg

셀러리 물만두와 맛간장

셀러리와 부추 향이 가득한 물만두. 쪄서 먹
어도 좋지만, 끓는 물에 넣어 만두 끓인 물까
지 한 스푼 떠서 먹어보기를 추천한다. 맛간
장을 찍어 생마늘 한 조각을 얹으면 지금까지
먹어본 적 없는 색다른 중국식 물만두를 경험
할 수 있다.

재료(1~2인분/15개)

만두피 15장
두부 1/3모(100g)
셀러리 70g
부추 70g
참깨 1큰술
식용유 4/5큰술(7g)
비건 다시다 1작은술(2g)
간장 1작은술
물 500ml

맛간장

식초 1큰술
간장 2/3큰술(7g)
물 2.5큰술
마늘 2개(5g)

만들기

1 두부는 소금을 뿌린 다음 체에 밭쳐 으깨면서 물기를 제거한다.

2 셀러리는 잎까지 잘게 다진다. 부추도 잘게 다진다.

3 으깬 두부에 ②를 넣고 참깨를 곱게 빻아 나머지 양념을 모두 섞
어 만두소를 만든다.

4 만두피에 만두소를 듬뿍 1큰술 넣고 만두피 끝부분에 물을 묻혀
반으로 접어 모양을 잡는다.

5 냄비에 물을 넣고 물이 끓으면 만두를 넣고 동동 뜰 때까지 대략
2~3분간 끓인다(만두는 한 번에 먹을 만큼만 넣는다).

6 만두 삶은 물과 함께 그릇에 담는다.

7 마늘을 얇게 썰어 맛간장 양념과 섞는다.

8 만두를 숟가락으로 반 갈라 맛간장 양념과 마늘 한 조각을 얹어
먹는다.

TIP • 남은 만두는 쟁반에 서로 붙지 않게 떨어뜨려 냉동실에서 얼린 다음 밀폐용기 또는 비닐백에
담아 냉동 보관하면 3~4주 정도 보관할 수 있다.

K-후무스 1접시(296kcal) / K-후무스 4큰술(타코용, 184kcal) / 채소 스틱(39kcal)

단백질	지방	당류	식이섬유	칼슘	나트륨	비타민A	비타민C
19.1g	18.5g	2.6g	11g	157mg	228mg	0.5㎍	3mg
11.8g	11.5g	1.6g	7g	98mg	141mg	0㎍	2mg
2g	0.1g	4.5g	3.8g	87mg	65mg	319㎍	16mg

K-후무스와
채소 스틱

K-후무스는 한국에서 쉽게 구할 수 있는 대두와 채소로 만들었다. 콩 삶은 물(75g)을 줄여 되직하게 만들면 타코(p.196 참조), 김밥, 샌드위치 속 재료, 동그랑땡이나 튀김 속 재료로도 활용 가능하다.

재료(3회분)

삶은 대두(p.34) 300g
콩 삶은 물 4.5국자(175g)

양념

올리브유 2.5큰술(22.5g)
마늘 7~8개(15g)
참깨 10g
레몬즙 1큰술
소금 3/5작은술(2g)

채소 스틱

셀러리 70g
오이 60g
당근 60g

만들기

1 마늘은 얇게 슬라이스한 다음 팬에서 올리브유와 함께 약불로 볶아 한 김 식힌다.
2 참깨는 곱게 빻는다.
3 믹서에 삶은 대두, 콩 삶은 물, 양념 재료를 모두 넣고 3~4번에 나눠 곱게 간다.
4 오이는 십자로 가르고 적당한 길이로 썬다. 당근, 셀러리도 비슷한 길이로 썬다.
5 그릇에 후무스 1회분(1/3)을 담고 채소 스틱을 곁들인다.

> **TIP** · 후무스는 완전히 식은 다음 냉장 및 냉동 보관한다. 냉장 보관은 최대 5일까지, 냉동 보관은 한 달까지 가능하다.

통밀 토르티야 1장(123kcal) / 고구마 토르티야 피자 1판(638kcal)

단백질	지방	당류	식이섬유	칼슘	나트륨	비타민A	비타민C
3g	3.8g	0g	0.9g	35mg	158mg	0.3㎍	0mg
11.7g	15.5g	39.3g	12.1g	142mg	746mg	175㎍	78mg

고구마 토르티야 피자 &
통밀 토르티야 만들기

토르티야로 간단하게 만드는 달콤한 고구마
피자다. 시판 토르티야는 탈지분유가 포함된
경우가 많아 의외로 비건이 아닐 수 있다. 베
이킹파우더만 있으면 쉽게 만들 수 있는 비건
토르티야를 구워 피자, 타코, 랩에 두루 활용
해보자.

재료(1인분)

토르티야 1장, 방울토마토 3개(30g), 캔 옥수수 1큰술(30g), 두부 마요네즈(p.36) 1큰술(10g),
양파 30g, 시금치 잎 약간, 아몬드 5알(5g)

고구마 무스

호박고구마 150g
두유 3큰술
두부 마요네즈 2큰술(20g)
설탕 1/2큰술
소금 1/3작은술(1g)

토르티야(20cm 4장)

통밀가루 1컵(100g)
식용유 1.5큰술(13.5g)
소금 2/3작은술(1.5g)
베이킹파우더 2/3작은술(1.5g)
뜨거운 물 90ml

만들기

1 물을 제외한 토르티야 재료를 섞은 다음 뜨거운 물을 세 번에 나눠 넣으며 반죽한다.

2 반죽은 네 덩이로 나눠 동그랗게 만든 다음 표면이 마르지 않도록 기름을 살짝 바르고 천이나 비닐로 덮어 15분 동안 휴지시킨다.

3 덧밀가루를 뿌리고 반죽을 밀대로 가운데부터 밀어 동그랗게 만든다.

4 예열한 팬에 기름 없이 토르티야를 약불로 굽는다. 기포가 올라오면 뒤집어 1~2분간 더 굽는다.

5 양파는 잘게 다지고, 방울토마토와 아몬드는 슬라이스한다.

6 호박고구마는 전자레인지로 10분간 찐 다음 포크로 으깨고 나머지 양념을 섞어 고구마 무스를 만든다.

7 캔 옥수수, 다진 양파와 두부 마요네즈 1큰술을 섞은 다음 토르티야 위에 펴 바른다.

8 ⑦ 위에 고구마 무스를 넓게 얹는다.

9 시금치는 잎 위주로 채 썰어 조금 올리고, 방울토마토, 아몬드 슬라이스를 뿌린 다음 오븐 또는 에어프라이어 185도에 7분(프라이팬에서는 뚜껑 덮고 약불로 5분, 뜸 들이기 3분) 동안 굽는다.

> **TIP** • 토르티야를 식힐 때는 천이나 냄비 뚜껑을 덮어야 식어도 딱딱하지 않고 부드럽다.
> • 캐슈 치즈(p.246 참조) 또는 아몬드 치즈 가루(p.35 참조)를 얹어 먹어도 맛있다.

병아리콩 양배추롤 1인분(440kcal)

단백질	지방	당류	식이섬유	칼슘	나트륨	비타민A	비타민C
17.3g	10.2g	3.7g	14.2g	225mg	391mg	120㎍	138mg

병아리콩 양배추롤

병아리콩을 으깨 양배추로 돌돌 만 다음 토마
토소스에 푹 끓였다. 양배추는 위를 편안하게
해주고, 병아리콩은 포만감을 높여준다. 생바
질 잎을 넣으면 한층 맛이 살아난다.

재료(1인분/5개)

양배추 큰 잎 5장(200g)
병아리콩 1/3컵(50g)
양파 50g
파프리카 30g
마늘 5~6개(10g)

양념

토마토 퓌레 200g
물 1/3컵(60g)
올리브유 4/5큰술(7g)
생바질 잎 5g
소금 1/3작은술(1g)
후추 약간

만들기

1 병아리콩은 반나절 동안 불리고 20분간 삶은 다음 체에 밭쳐 물을
   뺀다. 식으면 포크로 으깬다.

2 양배추 잎은 끓는 물에 1분간 데쳐 찬물에 헹군 다음 물기를 가볍
   게 짜낸다.

3 양파, 파프리카, 마늘을 잘게 다진다.

4 소스용 양파와 마늘 약간을 제외하고 나머지 다진 마늘, 양파와
   파프리카, 으깬 병아리콩, 소금, 후추를 넣어 뭉친다.

5 양배추를 넓게 펼치고 적당한 크기로 겹쳐 속 재료 듬뿍 1큰술을
   올려 돌돌 만다.

6 예열한 팬에 올리브유를 두르고 소스용 다진 마늘과 양파를 약불
   로 볶는다.

7 토마토 퓌레, 물을 넣고 볶다가 양배추롤의 접힌 부분을 아래로
   두고 토마토소스에 넣어 중불로 5분간 푹 끓인다.

8 장식용을 제외한 바질을 넣어 약불에서 3분간 더 끓인다.

9 접시에 양배추롤을 담고 토마토소스를 끼얹은 다음 바질을 올려
   완성한다.

TIP • 아몬드 치즈 가루(p.35 참조)를 뿌리면 아몬드의 단맛과 토마토소스의 새콤함이 잘 어울린다.

오이 가스파초 1인분(467kcal)

단백질	지방	당류	식이섬유	칼슘	나트륨	비타민A	비타민C
12.4g	34g	11.2g	4.8g	113mg	400mg	50㎍	19mg

오이 가스파초

가스파초는 스페인 남부 지방의 요리로 차갑게 먹는 수프다. 마른 빵 한 조각을 넣어 걸쭉해진 식감이 특징이다. 더운 여름에 시원한 오이와 향긋한 바질, 초록 채소들을 듬뿍 넣어 한여름의 미식을 즐겨보자.

재료(1인분)

오이 1개(200g)
초록색 피망 30g
사과 40g
양파 30g
바게트 1조각(20g)
잣 2큰술(20g)
캐슈너트 1줌(20g)
쪽파 1개(15g)
마늘 3개(5g)
바질 잎 7~8장(3g)

양념

라임즙 2큰술
올리브유 듬뿍 1큰술(10g)
애플 사이다 비니거 1큰술
소금 1/3작은술(1g)
찬물 100ml

만들기

1 오이, 피망, 사과, 양파, 쪽파는 적당한 크기로 썬다.
2 고명으로 올릴 오이 1조각을 잘게 썬다.
3 장식용 잣, 바질 잎, 쪽파를 조금씩 남기고 나머지 재료를 모두 믹서에 넣어 세 번에 걸쳐 곱게 간다.
4 가스파초는 냉장고에 10분 이상 보관해 차게 만든다.
5 접시에 수프를 담고 올리브유, 오이, 잣, 바질, 쪽파를 얹어 마무리한다.

TIP • 오이는 씨가 적고 쓴맛이 덜한 취청오이를 추천한다.
• 스페인식 에피타이저인 타파스(p.248 참조)와 함께 먹으면 조합이 좋다.
• 애플 사이다 비니거가 없다면 식초 1/2큰술로 대체한다.

된장 두유크림 리소토 1인분(523kcal)

단백질	지방	당류	식이섬유	칼슘	나트륨	비타민A	비타민C
19g	22.9g	5.8g	19.9g	81mg	1056mg	12㎍	7mg

된장 두유크림
리소토

맛있는 된장 한 스푼이면 치즈 없이도 깊은
감칠맛, 짠맛을 낼 수 있다. 리소토는 된장과
잘 어울리며 톡톡 터지는 식감이 재미있는 보
리로 만드는 것을 추천한다. 이로써 유명 비
건 레스토랑이 부럽지 않은 고급스러운 퓨전
요리가 탄생한다.

재료(1인분)

보리 1/2컵(60g)
새송이버섯 100g
양파 50g
마늘 5개(10g)
쪽파 1개(15g)
후추 약간
보리 삶을 물 3/5컵(120ml)

양념

캐슈 크림(p.37) 1회분 또는
　두유 150g
채수(p.33) 또는 물
　1/3컵(60ml)
된장 1큰술
올리브유 4/5큰술(7g)

만들기

1 보리는 여러 번 씻어 물 120ml에 20분 이상 불린다.
2 마늘과 양파, 쪽파는 잘게 다지고, 버섯은 슬라이스한 다음 손가락
　한 마디 길이로 썬다.
3 보리와 보리 불린 물을 냄비에 넣고 중강불에 3분, 약불에 3분간
　끓인 다음 1~2분 뜸 들인다.
4 예열한 팬에 올리브유를 두르고 마늘을 약불에 서서히 볶다가 마
　늘이 어느 정도 익으면 양파와 버섯을 넣고 더 볶는다.
5 보리와 보리 끓인 물, 채수 또는 물, 된장을 넣어 중강불로 2분간
　끓인다.
6 캐슈 크림 또는 두유를 넣고 2~3분간 중불에서 볶는다.
7 약불로 줄여 소스가 원하는 농도까지 졸면 접시에 담고 후추, 쪽
　파를 뿌린다.

토마토 고추장 파스타 1인분(599kcal)

단백질	지방	당류	식이섬유	칼슘	나트륨	비타민A	비타민C
20.1g	16.1g	18.8g	15g	70mg	1316mg	197㎍	37mg

토마토 고추장
파스타

토마토는 볶으면 감칠맛이 더욱 깊어지는데,
여기에 고추장까지 넣어 함께 볶으면 그 맛이
배가된다. 이 요리는 볶음 떡볶이 스타일로
숏 파스타를 쓰는 것이 잘 어울린다.

재료(1인분)

숏 파스타 80g
토마토 1.5개(220g)
양송이버섯 2개(40g)
완두콩 2큰술(30g)
양파 30g
마늘 5개(10g)
소금 3/4큰술(5g)
물 500ml

양념

고추장 2큰술
올리브유 1.5큰술(13.5g)
간장 1작은술
면수 1국자(50g)

만들기

1 파스타를 끓는 물에 삶다가 5분쯤 됐을 때 완두콩을 넣어 3분간
   더 익힌 다음 파스타와 완두콩은 건져내 체에 밭쳐 물을 뺀다.
2 토마토, 양파, 마늘은 잘게 썰고 양송이버섯은 슬라이스한다.
3 예열한 팬에 양송이버섯을 앞뒤로 노릇하게 구워둔다.
4 팬에 올리브유와 마늘, 양파를 넣고 약불에서 서서히 익힌다.
5 마늘이 어느 정도 익으면 토마토를 넣고 중불로 볶는다.
6 수분이 나오기 시작하면 약불로 줄이고 고추장, 면수를 넣어 고추
   장을 풀면서 볶는다.
7 소스에 점도가 생길 때쯤 간장을 넣고 보글보글 끓으면 소스와 섞
   는다.
8 불을 끄고 삶은 파스타, 완두콩, 양송이버섯을 넣어 버무린다.

TIP • 고추장은 숟가락에 평평하게 뜬 정도를 1큰술로 잡았다.

• 같은 방법으로 만든 토마토 볶음 고추장은 밥에 올려 생 채소, 참기름을 뿌려 비벼 먹어도 맛
  있다.

두부카츠 샌드위치(879kcal)

단백질	지방	당류	식이섬유	칼슘	나트륨	비타민A	비타민C
32.2g	29.7g	11.5g	9.5g	168mg	1190mg	6㎍	21mg

두부카츠
샌드위치

비건 돈가스 소스를 바른 빵에 두부를 통으로 튀긴 두부카츠와 두부 마요네즈에 버무린 양배추를 가득 넣어 완성한 포만감이 넘치는 샌드위치다. 아삭한 오이까지 곁들이면 추억의 돈가스 정식 완성!

재료(1인분)

식빵 2장(80g), 양배추 2~3장(100g), 오이 30g

두부카츠	양념	돈가스 소스
두부 150g	두부 마요네즈(p.36)	케첩 2큰술(30g)
빵가루 40g	2큰술(20g)	간장 1.5큰술
튀김가루 50g	돈가스 소스 2큰술(22g)	설탕 1큰술
찬물 3큰술	홀그레인 머스터드	물 3큰술
카레 가루 1작은술	1작은술(5g)	전분+물 1큰술
식용유 4큰술	후추 약간	

만들기

1 두부는 1.5cm 두께로 두툼하게 썰어 키친타월로 수분을 최대한 제거한다.

2 양배추는 채 썰고 오이는 사선으로 슬라이스한다.

3 튀김가루 절반, 카레 가루, 찬물을 섞어 반죽 물을 만들고, 빵가루는 접시에 평평하게 담는다.

4 두부에 남은 튀김가루를 묻히고 반죽 물을 꼼꼼히 바른 다음 빵가루를 묻힌다.

5 팬에 식용유를 넣고 충분히 예열한 뒤 두부를 앞뒤로 노릇하게 튀기고 체에 밭쳐 한 김 식힌다.

6 전분 물을 제외한 돈가스 소스 재료를 팬에 넣고, 소스가 끓으면 전분 1큰술에 물 2큰술을 섞어 전분 물을 만든다. 전분 물을 조금씩 휘저으며 넣으면서 농도를 맞춘 후 점성이 생기면 불을 끈다. 소스는 접시에 덜어 식힌다.

7 양배추에 두부 마요네즈, 후추를 넣어 버무린다.

8 빵 2개에 각각 돈가스 소스와 홀그레인 머스터드를 바른다.

9 돈가스 소스를 바른 빵 위에 두부카츠를 올리고 양배추 무침을 쌓는다.

10 다른 빵으로 덮어 반으로 자른 다음 접시에 담고 오이를 곁들인다.

TIP • 냉동실에 보관해둔 바게트(p.230 참조) 2~3조각을 믹서에 30초 정도 갈면 비건 빵가루가 완성된다.

순두부 미소 라멘 1인분(625kcal)

단백질	지방	당류	식이섬유	칼슘	나트륨	비타민A	비타민C
37.3g	27.2g	9g	13.7g	216mg	1414mg	22㎍	14mg

순두부
미소 라멘

돈코츠 라멘의 찐득한 국물이 아쉬웠다면 순
두부와 미소로 진하고도 고소한 비건 라멘을
만들어보자. 라멘 토핑으로 양념에 절여 구운
템페와 짭짤한 팽이버섯을 올려 차슈 못지않
은 고소함을 더해 입맛을 돋운다.

재료(1인분)

소면 60g, 순두부 1/2봉(150g), 양파 30g, 마늘 5개(10g), 쪽파 20g, 캔 옥수수 1큰술(30g),
채수(p.33) 또는 물 500ml

라멘 토핑	양념
템페 60g	미소 1큰술(15g)
팽이버섯 60g	식용유 4/5큰술(7g)
간장 2/3큰술	간장 1작은술
식용유 4/5큰술(7g)	고추기름 1작은술
물 1큰술	후추 약간
설탕 1작은술	

만들기

1 양파, 마늘, 쪽파는 잘게 다지고 순두부는 칼의 넓은 면으로 으깬다.

2 템페는 가로로 5mm 두께로 썰고 팽이버섯은 밑동을 자른 다음 손으로 2~3가닥씩 뜯는다.

3 라멘 토핑 양념을 섞어 템페와 팽이버섯에 묻히고 에어프라이어 180도에서 10분 이상 수분이 완전히 날아가도록 굽는다.

4 끓는 물에 소면을 삶아 물에 헹군 다음 체에 밭쳐 물을 뺀다.

5 예열한 팬에 식용유를 두르고 마늘과 양파를 약불에 볶는다.

6 마늘이 익으면 간장을 둘러 향을 입힌다.

7 채수 또는 물, 순두부, 미소를 넣고 2~3분간 중강불로 끓인다.

8 다시마는 건져내고 채수와 순두부 끓인 것을 믹서에 넣고 곱게 간다.

9 ⑧은 다시 냄비에 옮겨 한소끔 끓이고 소금으로 간한다.

10 건져낸 다시마는 채 썬다.

11 접시에 면을 담고 라멘 국물을 부은 다음 채 썬 다시마, 구운 템페와 팽이버섯을 올린다.

12 캔 옥수수, 쪽파를 올리고 고추기름을 둘러 장식한다. 취향에 따라 후추를 뿌린다.

TIP • 국물의 깊은 감칠맛을 위해 채수에 들어 있는 다시마도 넣어 끓이는 것을 추천한다.

PART 5

좋은 사람들과 함께하는
비건 차림상과 디저트

어떤 요리든 소중한 사람들과 함께 나눠 먹어야 더 맛있는 법이다. 이
파트에서는 채식이 낯선 친구들에게도 평이 좋았던 비건 요리들을 고
심해 골라 파티나 집들이 같은 모임에서도 비건식을 마음껏 즐길 수
있도록 했다. 주변 사람들에게도 놀라울 만큼 맛있는 비건 차림 요리
와 디저트들을 대접해보자.

K-후무스 타코 2개(702kcal)

단백질	지방	당류	식이섬유	칼슘	나트륨	비타민A	비타민C
28.7g	27.2g	24.1g	20g	248mg	1564mg	202㎍	26mg

K-후무스 타코

아보카도와 육류 대신에 대두 후무스와 버섯으로 가득 채운 새로운 타코! 부드러운 대두 후무스는 새콤한 토마토 살사와 깊은 풍미의 버섯을 조화롭게 연결한다.

재료(8인치 타코 2개)

통밀 토르티야(p.174) 2장
후무스(p.172) 4큰술(90g)
상추 3장(30g)
캔 옥수수 2큰술(20g)
고수 7g
두부 마요네즈(p.36) 1큰술(10g)
스리라차 소스 1/2큰술(5g)

토마토 살사

방울토마토 100g
양파 20g
풋고추 7g
라임즙 1.5큰술
소금 2꼬집(0.5g)

버섯 풀드 포크

느타리버섯 200g
당근 30g
간장 1.5큰술
맛술 1.5큰술
설탕 1큰술
발사믹 식초 1작은술(2.5g)
식용유 1작은술
후추 약간

만들기

1 8인치(20cm) 토르티야와 콩 삶은 물을 75ml로 줄인 타코용 K-후무스를 준비한다.

2 고추는 반 갈라 씨를 제거하고 잘게 썬다. 토마토, 양파, 상추, 고수도 잘게 썬다.

3 손질한 토마토, 양파, 고추와 라임즙, 소금을 섞어 토마토 살사를 만들어 냉장고에 넣는다.

4 느타리버섯은 손으로 가늘게 뜯고 당근은 슬라이스한다. 버섯과 당근은 전자레인지에 2분간 돌리고 체에 밭쳐 국자로 눌러 수분을 짜낸다. 이 과정을 2번 반복한다.

5 버섯 풀드 포크 양념을 모두 섞어 양념장을 만들고 버섯과 당근에 고루 묻힌 다음 예열한 팬에 식용유를 살짝 두르고 약불로 수분이 날아갈 때까지 볶는다.

6 토르티야 위에 상추를 올리고 후무스 듬뿍 2큰술과 버섯, 당근을 올린다.

7 토마토 살사와 캔 옥수수는 포크로 떠서 수분을 제거하고 올린나.

8 고수를 얹고 두부 마요네즈와 스리라차 소스로 마무리한다.

> **TIP** • 먹기 직전에 생 라임이나 청귤을 뿌리면 더욱 맛있다.
>
> • 버섯 풀드 포크는 느타리버섯 외에 표고버섯, 새송이버섯 등 다른 버섯을 사용해도 된다.

가지 패티 버거 1인분(563kcal) / 두유 햄버거 빵 1개(279kcal)

단백질	지방	당류	식이섬유	칼슘	나트륨	비타민A	비타민C
18.3g	18.6g	14.3g	9.1g	74mg	952mg	11μg	7mg
10.8g	6.6g	1.5g	2g	12mg	285mg	0μg	0.1mg

가지 패티 버거 &
두유 햄버거 빵

가지와 병아리콩 본연의 풍미가 살아 있는 진
짜 채소 패티로 만든 버거. 조금 번거롭더라
도 우유 대신 두유로 만든 햄버거 빵을 사용
해 세상에 하나뿐인 완벽한 비건 버거를 만들
어보자.

재료(1인분)

햄버거 빵 1개, 양파 슬라이스 1개(50g), 토마토 슬라이스 1개(40g), 상추 20g

양념	소스	두유 햄버거 빵(4개)
가지 1/2개(90g)	스위트 칠리소스 1큰술(15g)	강력분 250g
삶은 병아리콩 2큰술(30g)	두부 마요네즈(p.36) 1큰술(10g)	무가당 두유 150g
빵가루 4큰술(20g)	홀그레인 머스터드 1작은술(5g)	비건 버터(또는 올리브유) 30g
다진 마늘 1/2큰술(5g)		이스트 5g
소금 3꼬집(0.7g)		설탕 5g
올리브유 4/5큰술(7g)		소금 3g
		통깨 약간

만들기

1 미지근하게 데운 두유에 이스트와 설탕을 섞는다. 밀가루에 소금을 섞고 두유를 조금씩 넣으며 반죽을 한 덩어리로 만든다.

2 비건 버터는 녹여서 반죽에 넣고 기름이 흡수될 때까지 다시 반죽한 다음 천으로 덮어 30분간 발효한다.

3 ②가 완료된 반죽은 4등분하고 동그랗게 만들어 비닐로 덮어 15분간 휴지시킨다.

4 휴지가 완료되면 밀대로 눌러 반죽을 납작하게 만들고 통깨를 뿌린다. 비닐로 덮어 40분간 2차 발효한다.

5 ④를 200도로 예열한 오븐에 15분간 굽고 꺼내자마자 빵 윗면에 올리브유를 바른다. 완전히 식으면 반 가른다. 버거에 사용할 것만 남기고 나머지는 밀봉해 냉동 보관한다.

6 가지는 십자로 자르고 전자레인지에 2분간 돌린 다음 물기를 꾹 짜내 잘게 다진다.

7 병아리콩은 포크로 으깨고 다진 가지와 패티 재료를 넣고 둥글납작하게 뭉친다.

8 양파, 토마토는 1cm 내외 두께로 가로로 슬라이스한다.

9 예열한 팬에 올리브유를 두르고 패티를 앞뒤로 노릇하게 굽는다. 양파도 함께 굽는다.

10 빵 아랫면에 두부 마요네즈 1/2과 머스터드를 바르고 상추를 깐다.

11 상추 위에 가지 패티, 구운 양파, 토마토 순서로 올리고 스위트 칠리소스, 나머지 두부 마요네즈를 뿌린 다음 빵으로 덮는다.

> **TIP** • 패티가 잘 뭉쳐지지 않을 때는 빵가루나 밀가루를 조금씩 추가한다.

템페 시금치 피자 1/2판(547kcal)

단백질	지방	당류	식이섬유	칼슘	나트륨	비타민A	비타민C
23g	20.2g	3.7g	4.5g	97mg	993mg	107㎍	35mg

템페 시금치
피자

동물성 치즈 없이도 과연 피자가 맛있을 수
있을까? 고소한 풍미의 캐슈 치즈와 짭짤하
게 시즈닝한 템페, 시금치만으로도 충분하다.
직접 반죽한 피자 도우까지 더해진다면 더할
나위 없는 완벽한 피자가 탄생한다.

재료(2인분)

피자 도우 1개, 시금치 3~4줄기(50g), 양파 30g, 노란 파프리카 30g,
캐슈 치즈(p.246) 1/3분량(85g)

피자 도우(23×21cm 1개)	템페 토핑	양념
밀가루 150g	템페 80g	토마토 퓌레 4큰술(80g)
설탕 2.5g	간장 2큰술	올리브유 1.5큰술
이스트 1.5g	다진 마늘 1/2큰술(5g)	소금 2꼬집(0.5g)
소금 1.5g	파프리카 가루 1작은술(1.5g)	
미지근한 물 90g	올리브유 1/2큰술	
올리브유 7g	후추 약간	

만들기

1 미지근한 물에 이스트와 설탕을 넣어 녹이고 밀가루, 소금과 섞어 한 덩어리가 될 때까지 뭉친다.

2 올리브유를 넣고 기름이 스며들 때까지 5분간 반죽한 다음 비닐로 덮어 30분 이상 1차 발효한다.

3 덧밀가루를 뿌리고 밀대로 밀어 도우를 만든다. 종이호일에 기름을 바른 다음 피자 도우를 올려 비닐로 덮어 2차 발효한다. 이때 에어프라이어 또는 오븐을 200도로 15분 이상 예열한다.

4 템페는 5mm 두께로 썬다. 나머지 템페 토핑 양념을 모두 섞고 템페에 묻힌다.

5 양념한 템페는 예열한 팬에 앞뒤로 살짝 굽고 3~4조각으로 썬다.

6 양파는 잘게 다지고, 파프리카는 링 모양으로 썬 다음 4등분한다.

7 시금치는 잎 위주로 손가락 한 마디 길이로 썰어 올리브유 1큰술, 소금을 뿌려 살짝 버무린다.

8 도우 위에 토마토 퓌레를 고르게 펴 바르고 다진 양파, 시금치, 파프리카 순서로 올린다.

9 템페 토핑, 캐슈 치즈를 올리고 올리브유를 살짝 뿌린다.

10 오븐 190도에 13분(에어프라이어 180도에 13분)간 굽는다.

TIP • 도우를 반죽한 다음 냉장고에 넣어 반나절 정도 발효하면 감칠맛이 훨씬 살아난다.

• 캐슈 치즈 대신 두부 마요네즈(p.36 참조)로 대체할 수 있다.

당근 크러스트 피자 1인분(459kcal)

단백질	지방	당류	식이섬유	칼슘	나트륨	비타민A	비타민C
16g	23g	14g	14g	157mg	629mg	1045㎍	31mg

당근 크러스트
피자

밀가루 대신 당근으로 도우를 만들었다. 덕분
에 베타카로틴을 듬뿍 섭취할 수 있으며 많은
토핑을 올리지 않아도 익힌 당근의 달큼한 맛
이 도드라져 풍미가 좋다. 채소만으로 완성된
신선한 피자를 만나보자.

재료(1인분)

당근 1개(200g), 병아리콩 50g, 아몬드 치즈 가루(p.35) 3큰술(18g), 밀가루 2큰술(12g),
소금 2꼬집(0.7g)

토핑	양념
양송이버섯 1~2개(40g)	토마토 퓌레 2.5큰술(50g)
아보카도 30g	올리브유 4/5큰술(7g)
시금치 30g	소금 약간
양파 30g	후추 약간
캐슈 치즈(p.246) 1/3분량(85g)	

만들기

1 당근은 강판이나 푸드 프로세서로 갈고 병아리콩은 삶아서 포크로 으깬다.

2 당근, 병아리콩, 아몬드 치즈 가루, 밀가루, 소금을 넣고 섞는다. 반죽 상태를 보며 되직
하면 물을 한 숟갈씩 추가한다.

3 종이호일에 올리브유를 살짝 바른 다음 당근 도우를 평평하게 펴고 가장자리를 다듬는
다. 에어프라이어 175도에서 13분간 굽는다.

4 양파는 잘게 다지고 양송이버섯과 아보카도는 슬라이스한다. 시금치는 손가락 한 마디
길이로 썰어 올리브유, 소금을 약간 뿌려 살짝 버무린다.

5 당근 도우 위에 토마토 퓌레를 바르고 양파, 시금치, 양송이버섯, 아보카도를 순서대로
올린다.

6 캐슈 치즈는 아보카도 위에 올린다.

7 올리브유, 소금을 살짝 뿌려 에어프라이어 180도에서 15분간 굽는다.

8 후추를 뿌리고 6조각으로 자른다.

TIP • 캐슈 치즈 대신 두부 마요네즈(p.36 참조)를 쓰거나 생략할 수 있다.
• 당근 도우는 점성이 약해 밀가루 도우에 비해 쉽게 부서진다. 접시로 옮길 때는 바닥을 모두
받친 다음 옮기는 것이 좋다.

버섯 알 아히요 1인분(248kcal)

단백질	지방	당류	식이섬유	칼슘	나트륨	비타민A	비타민C
8g	19g	2g	8g	20mg	358mg	46㎍	7mg

버섯 알 아히요

새우(감바스) 대신 버섯을 듬뿍 넣어 감칠맛을 살렸다. 열량이 높은 올리브유를 줄이고 채수를 사용해 지방 함량까지 낮춘 건강식이다. 바게트를 곁들이면 모두가 좋아할 만한 대중적인 맛! 남은 소스에는 삶은 파스타 면을 넣어 파스타로도 먹을 수 있다.

재료(2인분)

양송이버섯 5개(120g)
새송이버섯 1개(200g)
방울토마토 6개(70g)
마늘 25개(50g)
페페론치노 약간
채수(p.33) 120ml

양념

올리브유 4큰술
소금 1/2큰술
후추 약간

만들기

1 양송이버섯은 십자로 자르고 새송이버섯은 가로로 슬라이스한다.
2 마늘은 3조각으로 슬라이스하고, 방울토마토는 반으로 자른다.
3 팬에 올리브유와 마늘을 넣고 약불로 서서히 익힌다.
4 마늘이 어느 정도 익으면 버섯과 페페론치노를 넣고 1~2분간 버섯의 수분이 빠져나올 때까지 중불로 볶는다.
5 채수와 방울토마토를 넣어 약불에서 7분간 끓인다.
6 소금을 넣어 간하고 취향에 따라 후추를 뿌린다.

TIP • 타임, 로즈마리, 바질 등 좋아하는 허브가 있다면 추가해보자. 풍미가 훨씬 다채로워진다.

양송이 그레이비 파스타 1인분(661kcal)

단백질	지방	당류	식이섬유	칼슘	나트륨	비타민A	비타민C
25.9g	25.3g	8g	11.3g	99mg	773mg	11㎍	7mg

양송이 그레이비 파스타

그레이비는 그을린 육즙으로 만든 미국 가정식의 대표적인 소스지만, 여기에서는 감칠맛이 좋은 양송이를 사용해 소스를 만들었다. 양송이의 짙은 향이 농축된 그레이비소스는 숏 파스타, 부드럽고 고소한 서리태와 잘 어울린다.

재료(1인분)

숏 파스타 80g
삶은 서리태 2큰술(30g)
파슬리 가루 약간
소금 2/3큰술(7g)
물 500ml

양송이 그레이비 소스

양송이 5개(120g)
양파 50g
마늘 10개(20g)
올리브유 1큰술(10g)
비건 버터 15g
밀가루 2큰술(12g)
간장 1큰술
파프리카 가루 1작은술(2g)
채수(p.33) 또는 물 150m

양념

두유 1/3컵(60g)
면수 1국자(50g)

만들기

1 양송이는 적당한 두께로 썰고, 양파와 마늘은 잘게 다진다.
2 물에 소금을 넣고 끓이다가 물이 끓으면 면을 넣어 제품에 안내된 시간만큼 삶는다. 건져서 올리브유를 살짝 뿌려 버무린다.
3 팬에 올리브유를 두르고 다진 마늘과 양파를 약불로 3분 이상 충분히 볶는다.
4 양송이를 넣고 수분이 빠져나올 때까지 볶은 다음 절반만 접시에 덜어둔다.
5 밀가루와 비건 버터(올리브유로 대체 가능)를 넣고 볶는다. 중간중간 물을 한 숟갈씩 넣어 타지 않게 한다.
6 채수 또는 물에 간장과 파프리카 가루를 넣어 섞고 ⑤에 넣어 중불로 졸이다가 뚜껑을 덮어 약불로 3분간 끓인다.
7 뚜껑을 열고 면수, 두유, 삶은 콩을 넣어 중불로 볶아 휘저으며 소스를 만든다. 파스타 면을 넣고 소스가 배도록 여러 번 볶는다.
8 접시에 덜고 파슬리 가루를 뿌린다.

TIP · 밀가루가 많으면 텁텁해지므로 정량(밥숟가락에 평평하게 담은 정도)을 지킨다.

4조각 기준 - 애호박(205kcal) / 가지(211kcal) / 새송이(212kcal) / 파프리카(209kcal)

단백질	지방	당류	식이섬유	칼슘	나트륨	비타민A	비타민C
3.2g	7.4g	3.1g	2.7g	15mg	89mg	25µg	3mg
3.6g	5.3g	6.9g	2.9g	15.3mg	567mg	3µg	1mg
5g	5.5g	5.2g	3.3g	3.3mg	572mg	0µg	1mg
3.9g	6.6g	3.2g	1.9g	14.9mg	398mg	17.3µg	46mg

비건 초밥

언제나 인기가 좋았던 비건 초밥이다. 신기한
모양새와 채소의 맛이 살아 있는 생소한 초밥
에 다들 놀라워한다. 가지, 새송이버섯, 애호
박, 파프리카 네 종류로 구성되어 있으며, 화
려해 보이는 것에 비해 의외로 손이 많이 가
지 않아서 차림상에 추천한다.

재료(2인분/16조각)

백미밥 320g, 단촛물 1큰술(12.5g), 애호박 80g, 가지 80g, 새송이버섯 100g,
빨간 파프리카 100g

단촛물 식초 2큰술, 설탕 1큰술, 소금 3/5작은술(2g)

애호박 초밥

식용유 1큰술
소금 약간
간장 1큰술
고추냉이 약간
김 1/4장

가지, 새송이 초밥

간장 1.5큰술
미림 1.5큰술
설탕 2/3큰술(7g)
물 3큰술
양파 슬라이스 약간
쪽파 약간

파프리카 초밥

간장 1큰술
미림 1큰술
식용유 1큰술
파프리카 가루 1작은술(1.5g)
두부 마요네즈(p.36) 1작은술

만들기

1 단촛물 재료를 냄비에 넣고 설탕이 녹으면 불을 끄고 한 김 식힌다.

2 한 김 식힌 밥에 단촛물 1큰술을 넣고 주걱으로 세로로 자르듯이 섞는다.

3 밥풀이 달라붙지 않도록 손에 물을 묻혀 한 주먹 크기로 초밥을 쥐어 16개를 만든다.

애호박 초밥

4 애호박은 1cm 두께로 가로로 슬라이스하고 소금을 뿌려 수분을 제거한다.

5 키친타월로 수분을 닦은 다음 예열한 팬에 식용유 1큰술을 두르고 앞뒤로 푹 익힌다.

6 초밥 위에 애호박을 올리고 김으로 띠를 두른다.

7 고추냉이를 곁들인 간장에 찍어 먹는다.

가지, 새송이 초밥

8 가지는 1cm 두께로 가로로 슬라이스한다. 새송이는 찜기에 5분간 찐 다음 얼음물에 담 가 식힌다. 식은 다음 1cm 두께로 슬라이스하고 사선으로 칼집을 낸다.

9 간장, 미림, 설탕, 물을 섞어 양념장을 만든다.

10 예열한 팬에 식용유를 살짝 두르고 가지와 새송이버섯을 앞뒤로 노릇하게 굽는다.

11 양념장을 넣고 소스가 밸 때까지 약불로 졸인다.

12 밥 위에 졸인 가지, 새송이를 올린다.

13 양파는 얇게 슬라이스해서 가지 초밥에 올리고, 쪽파는 잘게 썰어 새송이 초밥에 올린다.

파프리카 초밥

14 파프리카는 에어프라이어 200도에서 15분간 구워 식힌다.

15 파프리카 껍질을 벗겨 4등분한다.

16 파프리카 초밥 소스를 섞어 양념장을 만들고 자른 파프리카를 담아 10분 이상 절인다.

17 밥 위에 절인 파프리카를 하나씩 얹고, 두부 마요네즈와 고추냉이를 섞어 장식한다.

새송이 탕수 1인분(666kcal)

단백질	지방	당류	식이섬유	칼슘	나트륨	비타민A	비타민C
9.1g	21.4g	47.7g	10.9g	51mg	923mg	243μg	43mg

새송이 탕수

새송이버섯의 향긋함과 쫄깃한 식감이 매력
적인 새송이 탕수. 전분 반죽으로 튀겨낸 바
삭바삭한 새송이버섯에 탕수 소스를 부으면
돼지고기로 만든 탕수육 못지않은 쫀득하고
포만감 있는 요리가 된다.

재료(1인분)

새송이버섯 1.5개(150g), 소금 2꼬집(0.7g), 후추 약간, 식용유 넉넉히

반죽

전분가루 5큰술(50g)
물 넉넉히

탕수 소스

양파 80g
파프리카 30g
당근 30g
완두콩 30g
설탕 4큰술
식초 1큰술
간장 3/4큰술(8g)
물 100ml
전분+물 2큰술(26g)

만들기

1 반죽용 전분에 물을 잠길 만큼 넉넉하게 붓고 스며들 때까지 5분 정도 기다린다.

2 새송이버섯은 적당한 크기로 썰고, 소금과 후추를 뿌려 밑간한다.

3 양파, 파프리카는 비슷한 크기로 썰고 당근은 반달썰기 한 다음 반으로 썬다.

4 전분 위에 떠 있는 물은 버리고 가라앉은 전분과 물을 잘 섞어 새송이버섯을 푹 담가 전분 물을 고루 묻힌다.

5 식용유를 팬에 붓고 약불로 충분히 예열한 다음 새송이버섯을 넣고 2분간 튀기고 건져내어 식힌다.

6 팬에 양파, 당근, 완두콩, 설탕, 간장, 물을 넣고 1~2분간 끓인다.

7 완두콩이 익으면 식초와 파프리카를 넣어 한소끔 더 끓이고 불을 줄여 전분 물을 넣어 걸쭉해질 때까지 젓고 불을 끈다.

8 그릇에 튀긴 새송이버섯을 담고 소스를 붓는다.

TIP • 새송이버섯은 너무 오래 튀기면 수분이 빠져나와 기름이 튈 수 있으므로 2분 내외로 짧게 튀긴다.

경장버슬 1인분(382kcal)

단백질	지방	당류	식이섬유	칼슘	나트륨	비타민A	비타민C
23.7g	21g	14.6g	10.1g	150mg	789mg	256㎍	57mg

경장버슬

중국요리 경장육슬의 비건 버전이다. 만가닥 버섯을 춘장에 볶아 채 썬 당근, 양배추, 대파를 포두부에 싸 먹는다. 맛도 다채롭고 재미도 있어서 손님 대접용으로도 좋으며, 미리 싸두고 도시락으로 챙기는 것도 추천한다.

재료(2인분)

만가닥버섯 200g
포두부 200g
당근 100g
양배추 100g
대파 100g
파프리카 100g
고수 50g

양념

춘장 1.5큰술(30g)
식용유 1.5큰술
설탕 1큰술
소금 약간
물 약간

만들기

1 포두부는 8cm 내외의 정사각형으로 20장을 만든다. 끓는 물에 30초간 데쳐 체에 밭쳐 물을 뺀다.

2 당근, 양배추, 대파, 파프리카는 얇게 채 썰고, 고수는 적당한 크기로 자른다.

3 만가닥버섯은 밑동을 자른 다음 손으로 뜯는다.

4 예열한 팬에 식용유를 조금 두르고 버섯을 중강불로 볶으며 소금을 살짝 뿌린다.

5 버섯에서 수분이 나오기 시작할 때쯤 접시에 덜어둔다.

6 팬에 식용유, 춘장을 넣어 중불로 볶다가 설탕을 넣은 다음 마저 볶는다.

7 버섯을 넣고 춘장 소스와 버무린다. 타지 않도록 물을 조금씩 넣고 수분이 날아갈 때까지 볶는다.

8 넓은 그릇 가운데에 볶은 버섯을 담고 채 썬 채소를 가장자리로 둘러 담은 뒤 포두부를 곁들인다.

> **TIP** • 대파는 흰 부분을 사용하는 것이 춘장 소스와 잘 어울린다. 매운맛을 제거하려면 얼음물에 10분 정도 담가둔다.

어향가지 튀김 1인분(886kcal)

단백질	지방	당류	식이섬유	칼슘	나트륨	비타민A	비타민C
19.4g	41.2g	17.5g	13g	132mg	1311mg	60㎍	30mg

어향가지
튀김

고소하게 튀긴 가지에 두반장 같은 느낌을 주
는 어향소스를 얹어 먹는 가지 요리다. 두부
를 다져 넣어 든든하고, 매콤 새콤한 어향소
스와 바삭한 가지튀김은 양념치킨이 부럽지
않을 만큼 자극적인 조합이다.

재료(1인분)

가지 1개(200g), 두부 1/3모(100g), 소금 1작은술, 밀가루 듬뿍 3큰술(30g), 식용유 넉넉히

튀김 반죽 물

전분가루 1컵(150g)
물 2/3컵(120g)

어향소스

대파 30g
당근 30g
파프리카 30g
마늘 고추기름(p.46) 1회분
간장 2큰술
설탕 1큰술
식초 1/2큰술
물 4큰술
전분+물 2큰술(26g)

만들기

1 가지는 1cm 두께로 비스듬히 썰어 10조각을 준비한다. 나머지는 전자레인지에 2분간 돌린 다음 수분을 짜내고 잘게 다진다.

2 대파, 당근, 파프리카는 잘게 썬다.

3 두부는 수분을 제거하고 으깬 다음 다진 가지, 소금, 밀가루 듬뿍 1큰술, 후추를 섞어 반죽하고 다섯 덩어리로 나눈다.

4 가지 위에 두부 반죽을 올리고 다시 가지로 덮어 모양새를 다듬은 다음 밀가루를 표면에 고루 묻힌다.

5 전분 가루에 물을 섞어 반죽 물을 만들고, 전분이 가라앉으면 다시 휘저으며 전분 반죽물에 가지를 푹 담가 골고루 묻힌다.

6 냄비에 식용유를 넉넉히 부어 예열한 다음 가지를 2분간 튀긴다. 가지가 서로 달라붙지 않도록 하나씩 튀긴 다음 건져 식힌다.

7 예열한 팬에 대파, 마늘 고추기름을 넣고 약불로 볶다가 전분 물을 제외한 어향소스 재료를 넣고 볶는다.

8 ⑧에 전분 물을 조금씩 넣어 섞다가 소스에 점성이 생기면 불을 끈다.

9 접시에 가지튀김을 담고 어향소스를 얹는다.

TIP • 두부 반죽을 5등분할 때는 자른 가지의 크기를 고려해 다르게 나누는 것이 좋다. 반죽의 크기가 너무 크면 모양이 예쁘게 잡히지 않는다.

버섯 불고기 전골 1인분(425kcal)

단백질	지방	당류	식이섬유	칼슘	나트륨	비타민A	비타민C
18.9g	11.2g	16.1g	14.6g	322mg	1092mg	201㎍	33mg

버섯 불고기 전골

버섯을 불고기 양념에 재워두면 불고기와 마
찬가지로 전골, 볶음, 잡채 등 다양한 요리로
응용할 수 있다. 버섯 불고기와 함께 부드러
운 채소와 유부를 가득 넣으면 뜨끈하게 몸을
데워주는 포만감 넘치는 한 상이 완성된다.

재료(1인분)

알배추 2장(70g)

대파 60g

당근 50g

유부 30g

애호박 30g

풋고추 25g

불린 당면 약간(30g)

채수(p.33) 또는 물 200ml

버섯 불고기 양념

느타리버섯 100g

팽이버섯 30g

양파 40g

다진 마늘 1큰술

간장 1.5큰술

맛술 1큰술

올리고당 1작은술

설탕 1작은술

페페론치노 약간

다진 생강 1/2작은술(2g)

후추 1/2작은술(1g)

만들기

1 느타리버섯과 팽이버섯은 밑동을 자르고 손으로 뜯는다. 양파와
마늘은 잘게 다진다.

2 버섯 불고기 양념을 버섯과 섞어 10분 이상 재운다.

3 알배추는 3등분하고, 대파와 풋고추는 사선으로 썬다. 애호박과
당근은 반달썰기 한다.

4 냄비에 채소와 버섯 불고기, 채수 또는 물을 넣고 중불로 5분간 끓
인다. 국물이 싱거우면 소금이나 간장으로 간한다.

5 불린 당면을 넣고 약불로 2분간 끓여 당면을 익힌다.

TIP • 버섯 불고기는 수분이 많이 나오고 염도가 낮으므로 오래
보관하기 어렵다. 냉장 보관해 하루 이내에 먹는다.

통밀 바게트 1/2개(139kcal)

단백질	지방	당류	식이섬유	칼슘	나트륨	비타민A	비타민C
4.7g	0.6g	0.5g	1.6g	11mg	170mg	0㎍	0mg

통밀 바게트

시중에서 달걀, 버터가 들어가지 않은 완전한 비건 빵은 의외로 구하기가 쉽지 않다. 이럴 때는 직접 만들어보는 것도 좋은 방법이다. 여기에서 소개하는 바게트는 베이킹을 전혀 못하는 사람도 시도해볼 만큼 어렵지 않다. 필요한 기구는 23리터 용량의 에어프라이어나 작은 오븐(트레이 가로 23cm 이상)으로 충분하다.

재료(4개)

통밀가루 300g, 소금 4g, 인스턴트 이스트 4g, 설탕 2꼬집, 미지근한 물 200ml

만들기

1 미지근한 물에 이스트, 설탕을 넣고 섞는다.

2 밀가루에 소금을 넣고 섞은 다음 ①을 세 번에 나눠 넣으며 한 덩어리로 만든다.

3 반죽 표면이 매끈해질 때까지 5분간 반죽한다.

4 깊은 그릇에 반죽을 넣고 천으로 덮어 반죽 크기가 2배가 될 때까지 약 30~40분간 1차 발효한다.

5 반죽을 꺼내 다시 손으로 주물러 뭉치고, 4등분해 동그랗게 모양을 잡는다. 천 또는 비닐을 덮어 10분간 휴지시킨다.

6 반죽의 가운데를 밀대로 밀어 직사각형 모양으로 만든다.

7 직사각형의 긴 변을 가로로 놓고 반죽의 윗부분을 아래로 말아 누르며 긴 방망이 모양으로 만든다. 반죽의 끝부분이 잘 붙도록 꼬집는다. 나머지 반죽도 반복한다.

8 ⑦을 트레이에 담고 천으로 덮어 30분간 2차 발효한다.

9 바게트 반죽에 덧밀가루를 뿌리고 사선으로 칼집을 낸다.

10 200도로 20분간 예열한 오븐에 넣고 190도에서 20분 동안 굽는다(에어프라이어는 185도 20분).

11 원하는 색이 나오지 않으면 5분 더 굽는다.

12 빵이 완전히 식으면 칼로 잘라 소분해 냉동실에 보관한다.

TIP • 밀가루 종류나 제조사별로 수분 함량이 조금씩 다를 수 있다. 반죽이 퍽퍽하다면 물을 한 숟갈씩 추가하며 적당히 촉촉하고 매끄러운 상태로 만들고, 반죽이 질다면 밀가루를 조금씩 더해 수분감을 줄인다.

노오븐 피넛버터 파이 1/4개(420kcal)

단백질	지방	당류	식이섬유	칼슘	나트륨	비타민A	비타민C
11.6g	27.4g	17.3g	6.9g	72mg	98mg	0㎍	2mg

노오븐
피넛버터 파이

낮은 온도에서 굳는 코코넛 밀크의 원리를 이용해 오븐 없이 간단하게 만드는 노오븐 파이다. 오트밀, 땅콩으로 가득 채워서 단백질이 가득한 프로틴 바처럼 식사 대용으로 먹어도 든든하다.

재료(4회분)

파이지

아몬드 50g
오트밀 50g
무가당 두유 30g
올리고당 1.5큰술
식용유 7g
소금 1꼬집

* 부피 380ml 이상의 오븐 사용 가능한 내열 용기 또는 깊은 타르트 틀 1호(13.5× 3.5cm) 필요.

파이 속 재료

볶은 땅콩 70g
코코넛밀크 120g
설탕 5큰술
레몬즙 1큰술
소금 1꼬집

토핑

다진 땅콩 1큰술(10g)
다크 초콜릿 15g

만들기

1 아몬드, 오트밀을 믹서에 곱게 갈아 가루로 만든다.

2 아몬드와 오트밀을 제외한 나머지 파이지 재료를 모두 넣고 섞어 하나로 뭉친다.

3 타르트 틀에 파이지를 평평하게 편다. 용기에 담을 때는 종이호일을 깔고 넣는다.

4 땅콩을 믹서에 넣고 조각이 보일 정도로 살짝 간다.

5 나머지 파이 속 재료를 믹서에 넣고 크림 형태가 되도록 갈아서 파이지 위에 붓는다.

6 토핑용 땅콩을 잘게 썰어 올리고, 다크 초콜릿은 전자레인지에 30초씩 3~4번 나눠 돌려 녹인 다음 찻숟가락으로 흩뿌린다.

7 냉동실에서 2시간 이상 보관해 완성한다.

TIP • 코코넛밀크는 냉장고에 하루 이상 넣어두면 수분과 코코넛 과육의 층이 분리된다. 이 상태에서 수분은 버리고 과육만 요리에 사용한다.
• 속 재료의 땅콩은 피넛버터 듬뿍 2~3큰술로 대체할 수 있다.

비건 호두파이 1조각(411kcal)

단백질	지방	당류	식이섬유	칼슘	나트륨	비타민A	비타민C
10.1g	27.4g	15.3g	6g	85mg	55mg	0μg	0mg

비건 호두파이

밀가루 대신 오트밀, 아몬드로 만든 파이지로
완성한 초간단 호두파이 레시피다. 재료만 있
다면 20분 만에 후딱 만들 수 있어서 손님 대
접하는 날의 디저트로 준비하기 좋다.

재료(4회분)

파이지

아몬드 50g
오트밀 50g
무가당 두유 3큰술
올리고당 1.5큰술
식용유 7g
소금 1꼬집

파이 속 재료

무가당 두유 2/5컵(120g)
호두 100g
설탕 5큰술
레몬즙 1작은술
시나몬 가루 1/2작은술(1.5g)
전분+물 2큰술(26g)

* 부피 380ml 이상의 오븐 사용
가능한 내열 용기 또는 깊은 타
르트 틀 1호(13.5×3.5cm) 필요.

만들기

1 파이지 재료의 아몬드, 오트밀을 믹서에 갈아 가루로 만든다.
2 나머지 파이지 재료를 모두 넣고 하나로 뭉쳐질 때까지 섞는다.
3 파이 용기에 파이지를 넣고 평평하게 펴서 에어프라이어 180도
   에서 7분간 굽는다.
4 호두는 칼로 적당한 크기로 썰고, 전분 가루 1큰술, 물 2큰술을 섞
   어 전분 물을 만든다.
5 냄비에 호두, 두유, 설탕, 레몬즙, 시나몬 가루를 넣고 약불에서 보
   글보글할 때까지 끓인다.
6 전분 물을 조금씩 넣으며 젓다가 되직해지면 바로 불을 끄고 파이
   지 위에 붓는다.
7 오븐 또는 에어프라이어 180도에서 12분간 굽는다.

> **TIP** • 호두는 전처리를 하면 훨씬 고소해진다. 호두에 끓는 물을 붓고 15분 이상 불린 다음 에어프라
> 이어 170도에서 20분 이상 구워 식힌다.

애플 크럼블 1조각(420kcal)

단백질	지방	당류	식이섬유	칼슘	나트륨	비타민A	비타민C
8.4g	19.8g	26.2g	9.3g	90mg	3mg	1μg	2mg

애플 크럼블

사과가 풍요로워지는 계절에 꼭 해 먹어야 하
는 디저트. 시나몬 향이 풍기는 달콤한 사과
는 햇살이 깊어지는 가을과 잘 어울린다. 커
피와 함께하는 아침 브런치 메뉴로 추천한다.

재료(3회분)

파이지 및 크럼블

오트밀 70g
아몬드 50g
비건 버터 40g
통밀가루 5큰술(30g)
설탕 1.5큰술
두유 1큰술

사과 필링

사과 1개(300g)
설탕 3큰술
시나몬 가루 1작은술(3g)
레몬즙 1작은술

* 부피 380ml 이상의 오븐 사용
가능한 내열 용기 또는 깊은 타
르트 틀 1호(13.5×3.5cm) 필요.

만들기

1 사과는 8조각으로 썰고 부채꼴 모양으로 얇게 슬라이스한다.
2 에어프라이어는 180도로 15분간 예열한다.
3 냄비에 썬 사과를 넣고 중불에서 익히다가 설탕, 시나몬, 레몬즙을
  넣고 수분이 사라질 때까지 15분간 볶다가 불을 끄고 식힌다.
4 믹서에 오트밀, 아몬드, 밀가루, 설탕을 넣어 곱게 간다.
5 비건 버터는 상온에 30분 이상 두어 부드럽게 녹인 다음 칼로 잘
  게 썬다.
6 넓은 볼에 ④를 넣고 비건 버터, 두유를 섞어 파이지를 만든다.
7 용기 바닥에 파이지 2/3 정도를 꾹꾹 눌러 평평하게 담고 사과 필
  링을 채운다.
8 남은 파이지는 소보루처럼 잘게 뭉친 다음 사과 필링을 덮는다.
9 크럼블이 타지 않도록 종이 호일로 용기를 한 번 감싼 다음 오븐
  또는 에어프라이어 180도에서 15분간 굽는다.

TIP • 비건 버터가 없다면 피넛버터 듬뿍 2큰술(40g) 또는 같은 양의 식물성 오일로 대체한다.

비건으로 즐기는 화려하고 다채로운 마리아주. 비건이라고 해서 술 한잔의 여유를 마다할 이유는 없다. 여기에서는 각종 주류와 어울릴 만한 비건 안주들을 엄선해 소개한다. 오로지 식물성 재료로 채우는 새로운 미식 경험을 만끽해보길!

PART 6

때로는 술 한잔의 여유를,
비건 안주

대파 비네그레트 1접시(169kcal)

단백질	지방	당류	식이섬유	칼슘	나트륨	비타민A	비타민C
2.8g	11.8g	9.6g	3.1g	41mg	403mg	35μg	11mg

대파 비네그레트

대파를 노릇하게 구워 레몬 드레싱을 얹어 먹는 에피타이저 겸 와인 안주다. 구운 대파와 비네그레트 드레싱은 싱그러운 화이트 와인과 잘 어울린다. 생 레몬즙, 레몬 껍질(제스트)을 넣어주면 훨씬 맛이 생생해진다.

재료(2회분)

대파 300g
양파 20g
생 레몬 1조각(10g)

양념

올리브유 2.5큰술
레몬즙 1큰술
설탕 1큰술
홀그레인 머스터드 1작은술(5g)
소금 3/5작은술(2g)
후추 약간

만들기

1 대파는 손가락 세 마디 길이로 썰고, 양파는 잘게 다진다.

2 올리브유에 레몬즙을 넣고 유화될 때까지 잘 섞는다. 나머지 양념 재료를 넣고 마저 섞는다.

3 예열한 팬에 올리브유를 살짝 두르고 대파 흰 부분부터 중불로 굽는다. 겉면이 노릇하게 익으면 뒤집어 2~3분 이상 대파의 속까지 익도록 충분히 굽는다. 대파 흰 부분이 익으면 초록 잎 부분을 넣고 1~2분 내외로 짧게 익힌다.

4 구운 대파를 넓은 용기에 담고 드레싱을 붓는다. 냉장고에 15분 이상 둔다.

5 접시에 담고 가위 또는 칼로 살라 먹는다.

TIP • 바게트(p.230 참조)에 캐슈 치즈(p.246 참조) 또는 두부 마요네즈(p.36 참조)와 함께 올리면 조합이 훌륭하다.

캐슈 치즈 6조각(95kcal) / 캐슈 치즈 플레이트(206kcal)

단백질	지방	당류	식이섬유	칼슘	나트륨	비타민A	비타민C
3.2g	5.9g	1.9g	0.6g	14mg	375mg	0㎍	0.1mg
5.6g	11g	12.8g	2.6g	55mg	376mg	0.1㎍	1mg

캐슈 치즈 플레이트

약간의 수고로움을 감수하면 치즈도 비건으로 만들 수 있다. 사과 슬라이스 위에 캐슈 치즈 한 조각, 견과류, 메이플 시럽까지 살짝 둘러주면 레드 와인에 곁들이기 좋은 비건 치즈 플래터가 완성된다.

재료(1인분)

캐슈 치즈 6조각(100g)
사과 1/4개(70g)
아몬드 6조각(10g)
메이플 시럽 1작은술(5g)

캐슈 치즈(3~4회분)

캐슈너트 2큰술(30g)
뉴트리셔널 이스트 3g
타피오카 전분 5.5g
한천 1작은술(2g)
애플 사이다 비니거 2.5g
소금 2.5g
설탕 2.5g
물 300ml

만들기

1 캐슈너트는 뜨거운 물을 부어 20분 이상 불린 다음 체에 밭쳐 물을 뺀다.

2 믹서에 캐슈너트와 물을 넣고 여러 번 곱게 간다.

3 나머지 재료도 마저 넣고 여러 번 간다.

4 ③을 냄비에 넣고 중불로 끓인다. 끓기 시작하면 약불로 줄이고 눌어붙지 않도록 계속 저으며 되직해질 때까지 7분 이상 끓인다.

5 부피 350ml 이상 용기에 담아 상온에서 식힌다.

6 완전히 식은 다음 냉장고에 넣고 2시간 이상 보관한다.

7 치즈를 꺼내 원하는 두께와 모양으로 자른다. 사과는 얇게 썬다.

8 접시에 사과를 담고 캐슈 치즈, 아몬드(또는 호두)를 올리고 메이플 시럽을 살짝 뿌린다.

TIP • 캐슈 치즈는 냉장 보관해 2주 정도 먹을 수 있다.

• 고구마 토르티야 피자(p.174), 템페 시금치 피자(p.202), 당근 크러스트 피자(p.206)에도 캐슈 치즈를 활용한다.

마리네이드 가지 타파스 1인분(347kcal)

단백질	지방	당류	식이섬유	칼슘	나트륨	비타민A	비타민C
6g	20.8g	2.6g	4.6g	28mg	708mg	26㎍	10mg

마리네이드 가지 타파스

소금에 절인 가지를 수분이 날아갈 때까지 구
워 올리브유에 절이면 풍미 가득한 가지절임
이 완성된다. 여기에 신선한 토마토만 추가하
면 훌륭한 스페인식 에피타이저, 타파스까지
가능하다.

재료(1인분)

바게트(p.230) 4조각
마리네이드 가지 1회분(30g)
토마토 1/2개(70g)
올리브유 2큰술
소금 약간
후추 약간

마리네이드 가지(5회분)

가지 1개(200g)
소금 2/3큰술(7g)
마늘 3개(5g)
올리브유 100g

만들기

1 가지는 반 갈라 3등분한 다음 슬라이스한다. 마늘은 편 썬다.

2 가지에 소금을 뿌려 잘 버무리고 10분 이상 상온에 두었다가 수분
   을 짜내고 소금은 털어낸다.

3 가지를 팬에 겹치지 않게 펼친 다음 에어프라이어 170도에서 15
   분 이상 굽고 꺼내서 식힌다.

4 끓는 물에서 소독한 유리용기에 마늘과 가지를 넣고 올리브유를
   부어 상온에 둔다. 다음 날부터 먹을 수 있다.

5 바게트 4조각을 준비한다.

6 토마토는 잘게 썰어 소금, 후추로 간하고 바게트 위에 올린다.

7 절인 가지 5~6조각을 꺼내 잘게 다진 다음 토마토 위에 올린다.

8 가지를 절인 올리브유 2큰술을 빵 위에 뿌린다.

9 에어프라이어 180도에서 7분간 굽는다.

> **TIP** • 마리네이드 가지는 시간이 갈수록 풍미가 깊어지며 햇빛이 비치지 않는 곳에서 최대 2주 정도
>   상온에 보관할 수 있다.
> • 가지를 담글 때 허브를 함께 넣으면 향긋해지고, 절임용 올리브유는 요리에 활용할 수 있다.
> • 오이 가스파초(p.180 참조), 스페인식 스파클링 와인과 함께 먹으면 조합이 좋다.

오코노미야키 1장(288kcal)

단백질	지방	당류	식이섬유	칼슘	나트륨	비타민A	비타민C
8g	10g	7g	8g	109mg	383mg	26㎍	37mg

오코노미야키

맥주 안주로 제격인 오코노미야키. 해산물 없이도 양배추와 좋아하는 채소를 듬뿍 넣고 돈가스 소스와 두부 마요네즈를 얹어 한입 먹어보면 내가 먹고 싶었던 것은 결국 소스였다는 사실을 깨닫게 된다.

재료(1장)

양배추 200g
대파 100g
캔옥수수 2큰술(30g)
통밀가루 3큰술(18g)
물 3큰술
식용유 1큰술

양념

돈가스 소스(p.187) 2큰술(22g)
두부 마요네즈(p.36) 1큰술(10g)

만들기

1 양배추와 대파는 얇게 채 썬다.
2 양배추, 대파, 옥수수에 밀가루, 물을 넣고 날가루가 보이지 않을 때까지 섞는다.
3 예열한 팬에 식용유를 두르고 ②를 동그랗게 얹은 다음 앞뒤로 3분간 노릇하게 굽는다.
4 오코노미야키를 접시에 담고 돈가스 소스를 수저로 평평하게 바른 다음 두부 마요네즈를 흩뿌린다.

TIP • 당근, 우엉, 팽이버섯을 에어프라이어에 바싹 구워 토핑으로 얹어 먹어도 맛있다.

1인 양장피 1인분(522kcal)

단백질	지방	당류	식이섬유	칼슘	나트륨	비타민A	비타민C
20.7g	29.4g	22.4g	16.2g	156mg	1131mg	259㎍	12mg

1인 양장피

여러 명이 모여야만 먹을 수 있는 양장피를
혼자서도 충분히 만들어 먹을 수 있도록 1인
분으로 구성했다. 버섯 볶음과 아삭한 채소를
듬뿍 쌓고 톡 쏘는 겨자소스를 두르면 1인 파
티 메뉴로 딱이다.

재료(1인분)

대파 50g
당근 50g
피망 50g
적양배추 50g
포두부 40g

버섯 볶음

생 표고버섯 3개(75g)
생 목이버섯 1줌(60g)
느타리버섯 30g
양장피 채 또는 넓적 당면 30g
간장 1.5큰술
올리고당 1큰술
식용유 4/5큰술(7g)

겨자 소스

피넛버터 1/2큰술(10g)
두부 마요네즈(p.36) 1큰술(10g)
참기름 4/5큰술(7g)
연겨자 1작은술(5g)
식초 1/2큰술
설탕 1작은술
소금 1꼬집
물 1.5큰술

만들기

1 표고버섯은 밑동을 제거하고 5mm 두께로 썬다. 목이버섯은 채 썰
   고 느타리버섯은 밑동을 제거하고 손으로 뜯는다.

2 대파, 당근, 피망, 적양배추, 포두부는 얇게 채 썬다.

3 버섯 볶음에 넣을 대파, 당근을 조금 남기고 나머지 채소는 넓적
   한 접시에 가운데 공간을 비우고 원형으로 담는다.

4 끓는 물에 양장피 채 또는 불린 넓적 당면을 5분간 삶는다.

5 예열한 팬에 식용유를 두르고 버섯을 볶다가 버섯에서 수분이 빠
   져나올 때쯤 양장피 채 또는 당면, 볶음용 채소, 간장, 올리고당을
   넣고 2분간 볶는다.

6 겨자 소스 양념을 모두 섞어 겨자소스를 만든다.

7 접시 가운데에 버섯 볶음을 놓고 겨자 소스를 곁들여 먹는다.

> **TIP** • 채소는 집에 있는 자투리 채소나 다른 채소로 얼마든지
> 바꿀 수 있다.

콩불구이 청경채 볶음 누들 1인분(743kcal)

단백질	지방	당류	식이섬유	칼슘	나트륨	비타민A	비타민C
30g	25g	13g	4g	143mg	1636mg	106㎍	44mg

콩불구이 청경채 볶음 누들

대체육 중에서도 무난하게 도전해볼 만한 베지푸드의 콩불구이로 만든 볶음 누들이다. 콩불구이의 양념과 살짝 매콤한 간장 소스에 청경채를 볶으면 미국식 중국 요리로 즐길 수 있다. 한 끼 식사로도, 안주로도 좋은 메뉴다.

재료(1인분)

칼국수 면 80g
콩불구이 90g
청경채 150g
마늘 10개(20g)
고추 1개(30g)
식용유 1큰술(10g)
후추 약간

양념

간장 2큰술
맛술 1.5큰술
설탕 2/3큰술(7g)
물 3큰술

만들기

1 칼국수 면은 끓는 물에 삶아 체에 밭쳐 물을 뺀다.
2 청경채는 두꺼운 겉잎을 뜯어내고 반 갈라 2~3등분한다.
3 마늘은 편 썰기, 고추는 어슷썰기 한다.
4 양념 재료를 모두 섞어 양념장을 만든다.
5 예열한 팬에 식용유를 두르고 마늘과 고추를 약불에 볶는다.
6 마늘이 익을 때쯤 콩불구이를 팬에 넣고 앞뒤로 2분간 구운 다음 접시에 덜어둔다.
7 청경채, 삶은 칼국수, 양념장을 넣고 중불에 빠르게 볶는다.
8 콩불구이를 넣고 1분간 더 볶다가 후추를 뿌려 완성한다.

만가닥 숙주볶음 1인분(266kcal)

단백질	지방	당류	식이섬유	칼슘	나트륨	비타민A	비타민C
9.2g	14.1g	5.3g	6.8g	43mg	968mg	4㎍	15mg

만가닥 숙주볶음

만가닥버섯에는 숙취 해소에 도움을 주는 비타민B군이 풍부하다. 비타민B군은 열에 쉽게 손실되므로 채즙까지 함께 먹는 것이 좋다. 소스에 전분 물을 넣으면 양념도 잘 배고 버섯의 영양분도 모두 섭취할 수 있다. 이 요리는 도수가 강한 한국 전통주나 일본 사케와도 잘 어울린다.

재료(1인분)

숙주 1/2봉(150g)
만가닥버섯 100g
부추 50g
마늘 5개(10g)

버섯 반죽

밀가루 1큰술(6g)
전분 1큰술(6g)
물 1큰술
소금 약간

양념

간장 2큰술
설탕 1/2큰술
식초 1/2큰술
식용유 1.5큰술
전분+물 1큰술(10g)
후추 약간

만들기

1 만가닥버섯은 손으로 뜯고, 부추는 적당한 길이로 썬다. 마늘은 편 썬다.
2 만가닥버섯에 전분과 소금을 뿌려 골고루 묻힌 다음 밀가루와 물을 넣고 잘 섞는다.
3 전분 1큰술과 물 2큰술을 섞어 전분 물을 만들고, 간장, 설탕, 식초를 섞어 양념장을 만든다.
4 예열한 팬에 식용유 1큰술을 두르고 반죽 묻힌 버섯을 넣어 중불에 노릇하게 구워 접시에 꺼내둔다.
5 식용유 1/2큰술을 두르고 마늘을 약불에 익힌다.
6 숙주, 버섯, 양념장을 넣어 강불로 1~2분간 빠르게 볶는다.
7 전분 물 1큰술과 부추를 넣고 1분간 볶다가 점성이 생기면 접시에 담는다.

TIP • 버섯을 미리 구울 때 표면이 갈색으로 튀기듯이 구워져야 전체적으로 깊은 풍미가 생긴다.

고추튀김 1인분(636kcal)

단백질	지방	당류	식이섬유	칼슘	나트륨	비타민A	비타민C
21.3g	36g	5g	12g	134mg	717mg	156㎍	68mg

고추튀김

비 오는 날에는 역시 튀김이다. 고추의 속은
두부로 속을 만들어 든든히 채우고, 반죽에는
얼음을 넣어 튀김옷을 바삭하게 만들어준다.
튀김과 어울리는 주류는 당연히 막걸리. 양파
장아찌와 함께 먹는 것도 잊지 말자!

재료(1인분)

풋고추 6~8개(150g), 식용유 넉넉히

튀김 속 재료

두부 1/2모(150g)
대파 20g
당근 20g
소금 1/3작은술(1g)
후추 약간

튀김 반죽 물

튀김가루 7큰술(42g)
얼음물 1/2컵(90g)

만들기

1 두부는 전자레인지에 돌린 다음 체에 받쳐 으깨며 수분을 최대한 제거한다.

2 파, 당근은 잘게 다진다.

3 두부에 ②와 소금, 후추를 넣고 하나로 뭉친다.

4 고추는 꼭지 부분을 자른 다음 반으로 칼집 내 씨 부분을 도려낸다.

5 넓은 볼 또는 비닐 백에 고추와 튀김가루 1큰술을 넣고 굴려 가루를 묻힌다.

6 고추에 튀김 속 재료를 넣고 튀어나오지 않도록 평평하게 다듬는다.

7 튀김가루 6큰술에 얼음물을 넣어 차가운 튀김 반죽 물을 만든다.

8 냄비에 식용유를 넉넉히 붓고 약불로 예열한다. 반죽 물을 한 방울 넣었을 때 위로 떠오르면 튀기기 시작한다.

9 속을 채운 고추를 반죽 물에 푹 담가 골고루 묻힌 다음 조심스럽게 기름에 넣는다. 달라붙지 않도록 한 번에 2~3개씩 튀긴다.

10 한쪽 면이 어느 정도 익으면 반대로 뒤집어 총 3분간 튀긴 다음 건져 체에 받친다.

TIP • 튀길 때 두부의 수분이 튀지 않도록 두부의 수분을 최대한 제거한다.
• 두부 대신 되직한 후무스(p.172 참조)로 대체할 수 있다.

새송이 물회 1인분(200kcal)

단백질	지방	당류	식이섬유	칼슘	나트륨	비타민A	비타민C
10g	3.1g	19.1g	10.9g	555mg	859mg	289μg	22mg

새송이 물회

생선회가 들어가지 않아도 탱글탱글한 새송이 숙회와 꼬시래기만 있으면 소주 안주로 딱인 물회를 만들 수 있다. 칼칼하고 시원한 물회 국물에 아삭한 채소, 새송이 숙회, 꼬시래기가 씹는 맛을 더해주는 데다 소면까지 말아 먹으면 속도 든든해진다.

재료(1인분)

새송이버섯 150g, 꼬시래기 1줌(60g), 상추 50g, 오이 1/4개(50g), 양파 30g, 깻잎 5g, 얼음물 300ml, 참깨 1큰술

절임 무(1회분)	물회 양념
무 100g	절임 무와 국물 1회분
식초 3큰술	고추장 1큰술
설탕 1큰술	
소금 1/3작은술(1g)	
물 3큰술	

만들기

1 무를 제외한 절임 무 재료를 모두 섞어 절임 양념을 만든다.

2 무는 얇게 2×10cm 직사각형 모양으로 썰어 절임 양념에 20분 이상 절인다.

3 새송이버섯은 찜기에 넣어 7분간 찐 다음 찬물에 5분 이상 담갔다가 반으로 썰고 결을 따라 손으로 찢는다.

4 꼬시래기는 여러 번 씻어 끓는 물에 30초간 데친 다음 적당한 길이로 썰어 체에 밭쳐 물을 뺀다.

5 상추, 오이, 양파, 깻잎은 얇게 채 썬다.

6 절임 무 국물에 고추장을 풀고 얼음물을 넣어 물회 채수를 만든다.

7 넓고 깊은 그릇에 무와 ⑤의 채소를 깔고 꼬시래기, 새송이버섯, 절임 무를 올린다.

8 ⑥에서 만든 물회 채수를 붓고 참깨를 뿌려 완성한다.

TIP • 절임 무를 만드는 대신 시판 쌈무와 국물 또는 비건 냉면 육수를 활용해도 좋다.

템페 알탕 1인분(397kcal)

단백질	지방	당류	식이섬유	칼슘	나트륨	비타민A	비타민C
31.7g	13.7g	14.8g	16.8g	251mg	1036mg	203㎍	18mg

템페 알탕

템페 알탕은 안주로도 해장으로도 좋은 얼큰한 탕 요리다. 신기하게도 템페와 다시마를 함께 끓이면 해산물을 넣은 탕과 비슷한 맛과 향이 난다. 쑥갓은 먹기 직전에 듬뿍 올려야 더욱 향긋하다.

재료(1인분)

템페 100g
양파 1/4개(50g)
애호박 1/4개(50g)
팽이버섯 1/3개(50g)
무 50g
쑥갓 30g
다진 마늘 1큰술
소금 약간
채수(p.33) 300ml

양념

고춧가루 3큰술
고추장 1/2큰술
된장 1/2큰술
간장 1작은술
설탕 1작은술

만들기

1 다시마가 들어간 채수를 준비한다.
2 템페는 큐브 모양으로 썬다. 양파는 채 썰고 애호박은 반달썰기 한다.
3 무는 적당한 두께로 나박 썰고, 팽이버섯은 손으로 뜯는다.
4 채수, 무, 양파, 다진 마늘을 넣고 3분간 약불로 끓인다. 다시마는 건져서 채 썬다.
5 끓는 채수 한 숟갈에 양념 재료를 모두 섞어 양념장을 만든다.
6 템페, 호박, 버섯, 양념장을 넣고 5분간 중불로 끓인다.
7 국물 맛을 보고 소금으로 간한다.
8 쑥갓과 채 썬 다시마를 올리고 불을 끈다.

TIP • 채수에 들어간 다시마까지 같이 넣어야 바다 내음과 감칠맛이 잘 느껴진다.

4주 채식 식단표

1주차	월	화	수
아침	· 오버나이트 오트밀과 계절 과일	· 오버나이트 오트밀과 계절 과일	· 오버나이트 오트밀과 계절 과일
점심	· 두부 강된장과 알배추 쌈밥		· 당근라페 두부텐더 샌드위치
저녁	· 잡곡밥 · 두부 강된장 1접시 · 상추 볶음	· 셀러리 볶음 쌀국수 · 풀무원 두부텐더 1접시 · 당근라페 1접시	· 꼬시래기 김밥 · 알배추 두부 된장국
2주차	**월**	**화**	**수**
아침	· 두유 요거트와 계절 과일	· 들깨 오트밀 죽	· 들깨 오트밀 죽
점심	· 경장버슬 1인분		· 단호박 샌드위치
저녁	· 잡곡밥 · 진짜 감자탕 1대접	· 깻잎 냉파스타 · 양파 장아찌 1접시 · 찐 단호박 1접시	· 잡곡밥 · 대파 채개장 · 얼갈이 겉절이 1접시
3주차	**월**	**화**	**수**
아침	· 두유 요거트와 계절 과일	· 사과 케일 양배추 스무디와 호두	· 사과 케일 양배추 스무디와 호두
점심	· 두부 강된장과 케일 쌈밥		· 유부 조림 김밥
저녁	· 잡곡밥 · 채수 뭇국 · 두부 강된장 1접시	· 매콤 무 파스타 · 템페 구이 · 로메인 1접시	· 애호박 덮밥 · 톳 콩조림 1접시
4주차	**월**	**화**	**수**
아침	· 콩죽	· 콩죽	· 콩죽
점심	· 양배추 로켓 샌드위치 · 오이, 방울토마토 1접시		· 병아리콩 양배추롤
저녁	· 잡곡밥 · 순두부 토마토탕 · 고수 두부면 무침 1접시	· 아보카도 김초밥 · 고수 두부면 무침 1접시	· 양념 두부장 덮밥 · 파이황과 1접시

목	금	토	일
· 들깨 오트밀 죽 · 딸기 1접시	· 들깨 오트밀 죽	· 두유 요거트와 계절 과일	· 두유 요거트와 계절 과일
	· 대두 후무스와 채소 스틱	· 된장 두유크림 리소토 · 당근라페 1접시	· 셀러리 물만두와 맛간장
· 김치 비빔국수 · 풀무원 표고야채 한식교자 2개	· 알배추 볶음면 · 파이황과	· 잡곡밥 · 새송이 물회	· 비건 콩짜장 · 무말랭이 츠케모노 1접시

목	금	토	일
· 들깨 오트밀 죽	· 대파 감자 수프	· 통밀 팬케이크와 과일	· 대파 감자 수프
	· 얼갈이 볶음밥	· 1인 양장피	· 양송이 그레이비 파스타 · 적양배추 라페 1접시
· 단호박죽 · 병아리콩 구이 1접시	· 톳 알리오올리오 · 얼갈이 겉절이 1접시	· 버섯 알 아히요 1그릇 · 통밀 바게트 4조각 · 대파 비네그레트 1접시	· 잡곡밥 · 백표고 볶음(비건 백순대)

목	금	토	일
· 무 크림 수프	· 무 크림 수프	· 오버나이트 오트밀과 계절 과일	· 오버나이트 오트밀과 계절 과일
	· 가지 유부 덮밥 · 무말랭이 츠케모노 1접시	· 어향가지 튀김 · 로메인 1접시	· 무말랭이 떡볶이 · 애호박 초밥 4조각
· 유부 당면 국수 · 톳 콩조림 1접시 · 파프리카 1접시	· 잡곡밥 · 버섯 불고기 전골 · 로메인 1접시	· 채소 토핑 유부초밥	· 무 톳밥 1인분 · 템페 알탕

목	금	토	일
· 시금치 아보카도 스무디와 아몬드	· 시금치 아보카노 스무디	· 오버나이트 오트밀과 계절 과일	· 오버나이트 오트밀과 계절 과일
	· 아보카도 살사와 두부칩 · 양배추 콩 수프 1그릇	· 양배추 납작만두	· 두부 카츠 샌드위치 · 당근라페 1접시
· 양파 스테이크 덮밥 · 양배추 콩 수프 1그릇 · 오이 1개	· 토마토 고추장 파스타	· 순두부 미소 라멘	· 채식 짬뽕

1주차 장보기 목록과 영양성분표

식물성 단백질	채소류	버섯/해조류
두부, 대두, 두부텐더	알배추, 셀러리, 오이, 당근, 양파, 상추	새송이버섯, 꼬시래기

		열량 (kcal)	단백질 (g)	지방 (g)	탄수화물 (g)	당류 (g)	식이섬유 (g)	칼슘 (mg)	철 (mg)	마그네슘 (mg)	나트륨 (mg)	비타민 A(㎍)	비타민 C(mg)
월	오버나이트 오트밀과 계절 과일	408	14	18	52	18	12	101	4	81	158	2.3	59
	두부 강된장과 알배추 쌈밥	457	19	11	71	6.9	9	197	4	190	665	108	32
	잡곡밥	318	7.6	4	62	0.5	2	25	2	85	1	0	0
	두부 강된장 1접시	144	9.8	8	10	3	5	69	2	88	646	84	1
	상추 볶음	234	7.5	13	25	5.6	8	241	8	96	514	515	1.3
	합계	1561	57.9	54	220	34	36	633	20	540	1984	709	93
화	오버나이트 오트밀과 계절 과일	408	14	18	52	18	12	101	4	81	158	2.3	59
	셀러리 볶음 쌀국수	548	15.2	16	88	10	9	153	2	71	816	213	16
	풀무원 두부텐더 1접시	275	12	19	15	2	3	51	2	-	610	-	-
	당근라페 1접시 (1/4)	42	0.5	2	6	4.4	2	13	0	13	246	230	3
	합계	1273	41.7	55	161	34.4	26	318	8	165	1830	445	78
수	오버나이트 오트밀과 계절 과일	408	14	18	52	18	12	101	4	81	158	2.3	59
	당근라페 두부텐더 샌드위치	593	20.9	30	61	12.3	7	123	2	39	1138	415	4
	꼬시래기 김밥	467	14.9	16	69	4	7	490	8	141	364	340	15
	알배추 두부 된장국	93	8.6	2	14	2.7	7	125	2	71	588	11	16
	합계	1561	58.4	66	196	37	33	839	16	332	2248	768	94
목	들깨 오트밀 죽	262	14.6	13	23	1.4	9	146	4	120	419	0	0
	딸기 1접시(5개)	29	0.8	0	7	-	-	13	0	-	2	1	82
	김치 비빔국수	602	14.7	11	109	28	17	155	4	91	973	413	8
	풀무원 표고야채 한식교자 2개	125	4.9	5	17	2.4	4	46	1	-	426	-	-
	합계	1018	35	29	156	31.8	30	360	9	211	1820	414	90
금	들깨 오트밀 죽	262	14.6	13	23	1.4	9	146	4	120	419	0	0
	대두 후무스와 채소 스틱	335	21.1	19	23	7.1	15	244	3	147	292	319	19
	알배추 볶음면	642	16.5	30	77	11	11	137	3	88	1004	71	29
	파이황과 1접시 (1/2)	74	1.9	4	10	6.3	1	22	0	22	379	5	12
	합계	1313	54.1	66	133	25.8	36	549	10	377	2094	395	60
토	두유 요거트와 계절과일	255	9.1	11	34	22.2	7	84	1	65	199	4	53
	된장 두유크림 리소토	523	19	23	71	6	20	81	5	194	1056	12	7
	당근라페 1접시 (1/4)	42	0.5	2	5	4.4	2	13	0	13	246	230	3
	잡곡밥	318	7.6	4	62	0.5	2	25	2	85	1	0	0
	새송이 물회	200	10	3	46	19	11	555	6	100	859	289	22
	합계	1338	46.2	43	218	52.1	42	758	14	457	2361	535	85
일	두유 요거트와 계절과일	255	9.1	11	34	22	7	84	1	65	199	4	53
	셀러리 물만두와 맛간장	553	26.1	22	65	2	5	152	4	99	1290	45	11
	비건 콩짜장	613	19.5	19	88	16	16	112	2	86	1126	150	10
	무말랭이 츠케모노 1접시 (1/3)	81	3.0	0	18	10	5	76	1	48	531	167	10
	합계	1502	57.7	52	205	50	33	424	8	298	3146	366	84

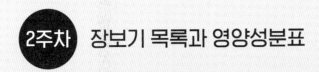
식물성 단백질	채소류	버섯/해조류
포두부, 병아리콩	얼갈이배추, 깻잎, 적양배추, 감자, 단호박, 대파, 레몬	표고버섯, 양송이버섯, 톳

일		열량 (kcal)	단백질 (g)	지방 (g)	탄수화물 (g)	당류 (g)	식이섬유 (g)	칼슘 (mg)	철 (mg)	마그네슘 (mg)	나트륨 (mg)	비타민 A(㎍)	비타민 C(mg)
월	두유 요거트와 계절과일	255	9.1	11	34	22	7	84	1	65	199	4	53
	경장버슬 1인분 (1/2)	382	23.7	21	33	15	10	150	7	46	789	256	57
	잡곡밥 160g	318	7.6	4	62	0.5	2	25	2	85	1	0	0
	진짜 감자탕 1대접 (1/2)	230	12.4	6	41	6	13	170	4	140	1075	127	19
	합계	1185	52.8	42	170	43.5	32	429	14	336	2064	387	129
화	들깨 오트밀 죽	262	14.6	13	23	1	9	146	4	120	419	0	0
	깻잎 냉파스타	539	16.6	19	78	6	9	206	4	161	633	190	0.8
	양파장아찌 1접시 (1/8)	43	1.2	0	10	8	1	10	0	9	360	0	3
	단호박 찐 것 1접시	132	3.4	2	31	15	10	30	1	36	0	798	52
	합계	976	35.8	34	142	30	29	392	9	326	1412	988	56
수	들깨 오트밀 죽	262	14.6	13	23	1	9	146	4	120	419	0	0
	단호박 샌드위치	634	14.7	22	102	43	17	82	2	96	626	1030	58
	잡곡밥 160g	318	7.6	4	62	0.5	2	25	2	85	1	0	0
	대파 채개장	236	14.8	9	40	8	16	145	4	91	1062	95	16
	얼갈이 겉절이 1접시 (1/3)	99	4.1	2	18	9	7	197	1	63	365	165	18
	합계	1549	55.9	50	245	62	51	595	13	455	2473	1290	92
목	들깨 오트밀 죽	262	14.6	13	23	1	9	146	4	120	419	0	0
	단호박죽	401	8.7	3	90	27	16	52	2	92	677	1197	78
	병아리콩 구이 1접시 (1/2)	256	9.4	10	33	0	4	83	3	76	362	1	0
	합계	919	32.7	26	146	28	29	281	9	288	1458	1198	78
금	대파 감자 수프	403	12.3	21	47	6	9	72	5	177	675	35	26
	얼갈이 볶음밥	460	10.6	18	64	1	6	317	3	146	800	186	34
	톳 알리오 올리오	607	13.5	28	76	2	4	130	4	63	674	22	21
	얼갈이 겉절이 1접시 (2/3)	99	4.1	2	18	9	7	197	1	63	365	165	18
	합계	1569	40.5	69	205	18	26	716	13	449	2514	408	99
토	통밀 팬케이크와 과일	482	16.3	27	83	10	26	450	8	61	723	4	61
	1인 양장피	522	20.7	29	53	22	16	156	7	90	1131	259	12
	버섯 알 아히요 1그릇 (1/2)	248	8.0	19	20	2	8	20	1	47	358	46	7
	통밀 바게트 1/2개 4조각 (1/8)	139	4.7	1	27	0.1	2	11	1	6	170	0	0
	대파 비네그레트 1접시 (1/2)	169	2.8	11	12	10	3	41	1	28	403	35	11
	합계	1560	52.5	87	195	44.1	55	678	18	232	2785	344	91
일	대파 감자 수프	403	12.3	21	47	6	9	72	5	177	675	35	26
	양송이 그레이비 파스타	661	25.9	25	87	8	11	99	4	125	773	11	7
	적양배추 라페 1접시 (1/4)	47	1.1	2	7	4	3	16	0	13	238	0.6	9
	잡곡밥 160g	318	7.6	4	62	0.5	2	25	2	85	1	0	0
	백표고 볶음 (비건 백순대)	392	11.4	22	45	14	15	237	3	146	608	461	28
	합계	1821	58.3	74	248	32.5	40	449	14	546	2295	508	70

3주차 장보기 목록과 영양성분표

식물성 단백질	채소류	버섯/해조류
템페, 유부, 캐슈너트	무, 애호박, 가지, 케일, 부추, 파프리카, 로메인	느타리버섯, 팽이버섯, 톳

		열량 (kcal)	단백질 (g)	지방 (g)	탄수화물 (g)	당류 (g)	식이섬유 (g)	칼슘 (mg)	철 (mg)	마그네슘 (mg)	나트륨 (mg)	비타민A(㎍)	비타민C(mg)
월	두유 요거트와 계절 과일	255	9.1	11	34	22	7	84	1	65	199	4	53
	두부 강된장과 케일 쌈밥	484	20.0	12	76	4	9	373	4	226	687	306	1
	잡곡밥 160g	318	7.6	4	62	0.5	2	25	2	85	1	0	0
	채수 뭇국	168	7.7	8	25	5	8	131	3	49	842	5	23
	두부 강된장 1접시	144	9.8	8	10	3	4	69	2	88	646	84	1
	합계	1369	54.2	43	207	34.5	30	682	12	513	2375	399	78
화	사과 케일 양배추 스무디와 호두	267	5.5	15	32	17	8	132	1	61	18	55	22
	매콤 무 파스타	498	12.2	19	73	6	7	90	3	94	929	49	21
	템페 구이	219	20.3	14	8	0	0	112	3	86	143	0	0
	로메인 1접시	12	0.9	0	2	0.4	2	50	0	13	6	185	0.2
	합계	996	38.9	48	115	23.4	17	384	7	254	1096	289	43.2
수	사과 케일 양배추 스무디와 호두	267	5.5	15	32	17	8	132	1	61	18	55	22
	유부 조림 김밥	565	23.3	21	21	6	6	382	7	141	432	236	26
	애호박 덮밥	530	13.3	17	83	14	10	106	4	142	961	75	14
	톳 콩조림 1접시 (1/3)	130	8.5	6	13	7	5	83	2	45	340	58	3
	합계	1492	50.6	59	149	44	29	703	14	389	1751	424	65
목	무 크림 수프	312	8.7	22	24	6	5	87	3	144	695	0.5	23
	유부 당면 국수	467	19.1	18	62	5	9	430	6	63	1297	218	11
	톳 콩조림 1접시 (2/3)	130	8.5	6	13	7	5	83	2	45	340	58	3
	파프리카 1접시	26	0.9	0	6	3	2	6	0	10	14	28	92
	합계	935	37.2	46	105	21	21	606	11	262	2346	305	129
금	무 크림 수프	312	8.7	22	24	6	5	87	3	144	695	0.5	23
	가지 유부 덮밥	734	28.4	31	87	11	11	453	6	175	986	54	7
	무말랭이 츠케모노 1/6접시(72g)	40	1.0	0	9	5	3	38	0	24	265	83	5
	잡곡밥 160g	318	7.6	4	62	0.5	2	25	2	85	1	0	0
	버섯 불고기 전골	425	18.9	11	73	16	15	322	6	85	1092	201	33
	로메인 1접시	12	0.9	0	2	0.4	2	50	0	13	6	185	0.2
	합계	1841	65.5	67	257	40	38	975	17	526	3045	526	68
토	오버나이트 오트밀과 계절 과일	408	14.0	18	52	18	12	101	4	81	158	2	59
	어향가지 튀김	886	19.4	41	109	18	13	132	3	163	1311	60	30
	로메인 1접시	12	0.9	0	2	0.4	2	50	0	13	6	185	0
	채소 토핑 유부초밥	759	34.3	34	78	9	8	471	8	223	519	248	51
	합계	2065	68.6	93	241	45.4	35	754	15	480	1994	495	140
일	오버나이트 오트밀과 계절 과일	408	14.0	18	52	18	12	101	4	81	158	2	59
	무말랭이 떡볶이	516	16.6	13	88	31	12	247	3	79	1079	163	12
	애호박 초밥 4조각	210	3.2	7	32	4	3	16	0	20	174	25	3
	무 톳밥 1인분 (1/2)	344	6.9	5	68	2	2	91	2	49	192	11	11
	템페 알탕	397	31.7	14	52	15	17	251	6	179	1036	203	18
	합계	1875	72.4	57	292	70	46	706	15	408	2639	404	103

식물성 단백질	채소류		버섯/해조류
포두부, 병아리콩	얼갈이배추, 깻잎, 적양배추, 감자, 단호박, 대파, 레몬		표고버섯, 양송이버섯, 톳

		열량 (kcal)	단백질 (g)	지방 (g)	탄수화물 (g)	당류 (g)	식이섬유 (g)	칼슘 (mg)	철 (mg)	마그네슘 (mg)	나트륨 (mg)	비타민 A(µg)	비타민 C(mg)
월	콩죽 1그릇 (1/3)	259	14.0	5	37	2	9	90	2	107	224	0	1
	양배추 로켓 샌드위치	490	20.7	16	68	17	8	113	2	86	1110	140	54
	오이, 방울토마토 1접시	28	1.6	0	6	4	2	20	0	18	6	46	16
	잡곡밥 160g	318	7.6	4	62	0.5	2	25	2	85	1	0	0
	순두부 토마토탕	198	14.3	7	20	10	5	57	3	71	1081	92	22
	고수 두부면 무침 1접시 (1/2)	212	12.2	13	14	6	3	101	10	20	333	133	3
	합계	1505	70.4	45	207	39	29	406	19	387	2755	411	96
화	콩죽 1그릇 (2/3)	259	14.0	5	37	2	9	90	2	107	224	0	1
	오이 아보카도 김초밥	398	10.7	10	72	5	10	102	3	106	887	240	60
	고수 두부면 무침 1접시 (2/2)	212	12.2	13	14	6	3	101	10	20	333	133	3
	합계	869	36.9	28	123	13	22	293	15	233	1444	373	64
수	콩죽 1그릇 (3/3)	259	14.0	5	37	2	9	90	2	107	224	0	1
	병아리콩 양배추롤	440	17.3	10	75	4	14	225	5	172	391	120	138
	양념 두부장 덮밥	516	20.6	16	76	10	8	145	5	161	688	215	6
	파이황과 1접시 (1/2)	74	1.9	4	10	6	1	22	0	22	379	5	12
	합계	1289	53.8	35	198	22	32	482	12	462	1682	340	157
목	시금치 아보카도 스무디	152	4.0	9	18	5	8	67	2	71	21	196	49
	볶은 아몬드 한 줌	119	4.7	10	4	1	2	67	1	64	0	0	-
	양파 스테이크 덮밥	431	10.8	12	71	12	5	102	2	110	753	131	10
	양배추 콩 수프 1그릇 (1/2)	151	8.7	7	16	0.9	7	103	1	71	430	2	25
	오이 1개	26	2.3	0	6	3	1	68	0	26	4	30	3
	합계	879	30.5	38	115	22	23	407	6	342	1208	359	87
금	시금치 아보카도 스무디	152	4.0	9	18	5.2	8	67	2	71	21	196	49
	아보카도 살사와 두부칩	499	22.4	35	32	9.8	15	152	8	94	862	87	82
	양배추 콩 수프 1그릇 (1/2)	151	8.7	7	16	0.9	7	103	1	71	430	2	25
	토마토 고추장 파스타	599	20.1	16	100	19	15	70	4	72	1316	197	37
	합계	1401	55.2	68	166	35	45	392	16	309	2629	482	193
토	오버나이트 오트밀과 계절 과일	408	14.0	18	52	18	12	101	4	81	158	2	59
	양배추 납작만두	626	9.8	17	112	18	13	274	4	121	1203	378	34
	순두부 미소 라멘	625	37.3	27	67	9	14	216	6	155	1414	22	14
	합계	1659	61.1	62	231	45	39	591	14	357	2775	402	107
일	오버나이트 오트밀과 계절 과일	408	14.0	18	52	18	12	101	4	81	158	2	59
	두부카츠 샌드위치	879	32.2	30	122	12	10	168	3	161	1190	6	21
	당근 라페 1접시 (1/4)	42	0.5	2	6	4	2	13	0	13	246	230	3
	채식 짬뽕	529	18.5	13	94	13	22	181	4	109	1086	278	27
	합계	1858	65.2	63	274	47	46	463	11	364	2680	516	110

영양을 채워주는 비건 요리들

고단백 비건 요리

한 끼니에 20g 이상의 단백질을 섭취할 수 있는 고단백 비건 요리들이다.

요리명	단백질 함량	페이지
순두부 미소 라멘	37.3g	190
채소 토핑 유부초밥	34.3g	72
두부카츠 샌드위치	32.2g	186
템페 알탕	31.7g	266
피넛버터 콩국수	31.1g	154
콩불구이 청경채 볶음 누들	30g	254
K-후무스 타코 2개	28.7g	196
양송이 그레이비 파스타	25.9g	212

튼튼한 뼈를 위한 요리

칼슘, 마그네슘, 비타민K가 풍부한 식단은 뼈를 건강하게 한다. 식사 후에는 반드시 산책을 하자. 햇빛은 비타민D를 생성하여 섭취한 무기질의 흡수를 돕는다.

요리명	칼슘 함량	마그네슘 함량	비타민K 함량	페이지
새송이 물회	555mg (79%)	83.6mg (32%)	154.2㎍ (237%)	262
꼬시래기 김밥	490mg (70%)	140.5mg (50%)	106.1㎍ (163%)	160
가지 유부 덮밥	453mg (65%)	175.3mg (63%)	60.8㎍ (93%)	162
유부 당면 국수	430mg (61%)	62.9mg (22%)	94.2㎍ (145%)	142
얼갈이 볶음밥	317mg (45%)	146.3mg (52%)	211.1㎍ (325%)	76
깻잎 냉파스타	206.2mg (29%)	160.7mg (57%)	236㎍ (363%)	130
진짜 감자탕 1대접	170mg (24%)	140mg (50%)	119.4㎍ (184%)	98
새송이 충무김밥	159mg (23%)	188.2mg (67%)	218.6㎍ (336%)	70

항산화 비타민(A, C, E)이 풍부한 요리

피곤할 때는 항산화 비타민인 비타민A, 비타민C, 비타민E가 듬뿍 들어 있는 채소 요리를 챙겨 먹자. 몸의 회복력도 좋아질 뿐만 아니라 면역력과 피부 건강에도 도움을 준다.

요리명	비타민A 함량(㎍ RAE)	비타민C 함량	비타민E 함량	페이지
단호박죽	1197㎍ (184%)	78mg (78%)	8.4mg (70%)	55
당근 크러스트 피자	1045㎍ (161%)	31mg (34%)	5mg (44%)	206
양배추 납작만두	378㎍ (58%)	34mg (34%)	6mg (52%)	158
채식 짬뽕	278㎍ (43%)	27mg (27%)	7mg (58%)	164
백표고 볶음(비건 백순대)	432㎍ (66%)	27mg (27%)	1.9mg (16%)	152
오이 아보카도 김초밥	240㎍ (37%)	60mg (60%)	2mg (20%)	128
경장버슬 1인분	256㎍ (39%)	57mg (57%)	1.9mg (16%)	222
병아리콩 양배추롤	120㎍ (18%)	138mg (138%)	7mg (61%)	178

비건 재료 구입처

온라인

- 풀무원(두부텐더) https://shop.pulmuone.co.kr/
- CJ제일제당(냉동 유부, 두부면, 비건 다시다) https://www.cjthemarket.com/pc/main
- 매일유업(매일두유 99.9) https://brand.naver.com/maeil
- 파아프(템페) https://brand.naver.com/paap
- 베지푸드(콩고기) http://www.vegefood.co.kr/index.html
- 싸리재마을(국내산 오트밀) https://smartstore.naver.com/ssarijai
- 위밀(비건 통밀식빵) https://smartstore.naver.com/wemil
- 어글리어스(못난이 채소 정기 구독 서비스) https://uglyus.co.kr/main
- 자연맘(캐슈너트, 아몬드, 호두) https://naturalmom.co.kr/
- 순창성가정식품(재래식 된장) https://smartstore.naver.com/damga
- 뉴트리셔널 이스트, 포두부(NON-GMO), 비건버터는 네이버 쇼핑에서 검색

오프라인

- 찰리스 그로서리(서울 용산구 신흥로2길 7 1층) @charliesgrocery
- 지구샵 제로웨이스트 홈(서울 마포구 성미산로 155 1층) http://www.jigushop.co.kr
- 코리아비건페어 https://koreaveganfair.com/new_t/html/index.php
- 베지노믹스페어 비건&그린페스타 https://veganfesta.kr/main/
- 한살림(말린 나물, 버섯, 기타 채식 재료) https://shop.hansalim.or.kr/shopping/spMain.do

완벽한 영양 밸런스를 갖춘 101가지 비건 레시피

나의 채식 테이블

펴낸날 초판 1쇄 2024년 5월 15일 | 초판 2쇄 2024년 7월 5일

지은이 정고메

펴낸이 임호준
출판 팀장 정영주
책임 편집 조유진 | **편집** 김은정 김경애
디자인 김지혜 | **마케팅** 길보민 정서진
경영지원 박석호 유태호 신혜지 최단비 김현빈

인쇄 (주)상식문화
포토·스튜디오 여름하스튜디오(insta@summer_ha.st)

펴낸곳 비타북스 | **발행처** (주)헬스조선 | **출판등록** 제2-4324호 2006년 1월 12일
주소 서울특별시 중구 세종대로 21길 30 | **전화** (02) 724-7648 | **팩스** (02) 722-9339
인스타그램 @vitabooks_official | **포스트** post.naver.com/vita_books | **블로그** blog.naver.com/vita_books

©정고메, 2024

ISBN 979-11-5846-416-5 13590

비타북스는 독자 여러분의 책에 대한 아이디어와 원고 투고를 기다리고 있습니다.
책 출간을 원하시는 분은 이메일 vbook@chosun.com으로 간단한 개요와 취지, 연락처 등을 보내주세요.

비타북스 는 건강한 몸과 아름다운 삶을 생각하는 (주)헬스조선의 출판 브랜드입니다.